高等学校新工科计算机类专业系列教材

软件测试技术

（第三版）

主　编　范　勇　李绘卓

潘　娅　兰景英

主　审　韩永国

西安电子科技大学出版社

内 容 简 介

本书详尽地阐述了软件测试的基础知识及相关测试技术，内容包括软件测试基础、软件测试过程与管理、黑盒测试、白盒测试、单元测试、集成测试、系统测试；书中结合新技术的发展，引入了敏捷测试、持续集成测试、自动化测试工具等内容，最后通过一个 Web 系统测试案例实践本书所论述的测试理论和技术。

本书内容全面、重点突出、理论简明、难易适中，注重基本概念和基础理论的阐述，强调测试技术的实用性。每章均设置有案例，对案例进行分析、讨论和实践。全书提供了 8 个测试技术实验，将理论与实践紧密结合，使读者可以循序渐进地理解和掌握软件测试技术，并运用到实际测试工作中去。

本书可作为高等院校计算机类专业软件测试课程和软件工程专业测试方向核心课程的教材，也可作为软件测试技术初、中级培训教程，同时可供从事软件开发和软件测试的专业技术人员和管理人员阅读参考。

图书在版编目(CIP)数据

软件测试技术 / 范勇等主编. --3 版 . -- 西安：西安电子科技大学出版社，2024.4
ISBN 978-7-5606-7180-2

Ⅰ . ①软⋯　 Ⅱ . ①范⋯　 Ⅲ . ①软件—测试　 Ⅳ . ①TP311.55

中国国家版本馆 CIP 数据核字 (2024) 第 008251 号

策　　划　陈　婷
责任编辑　陈　婷
出版发行　西安电子科技大学出版社(西安市太白南路 2 号)
电　　话　(029)88202421 88201467　　　　邮　　编　710071
网　　址　www.xduph.com　　　　电子邮箱　xdupfxb001@163.com
经　　销　新华书店
印刷单位　陕西精工印务有限公司
版　　次　2024 年 4 月第 3 版　 2024 年 4 月第 1 次印刷
开　　本　787 毫米 × 1092 毫米　1/16　 印　张　14.5
字　　数　339 千字
定　　价　43.00 元
ISBN 978-7-5606-7180-2 / TP
XDUP 7482003-1
如有印装问题可调换

前　言

　　软件业发展迅猛，计算机软件正在被广泛地应用到社会的各个领域，软件产品的质量控制与管理正逐渐成为软件企业生存与发展的关键。如何向客户交付质量令人满意的软件产品，以及如何运用新技术来应对软件应用程序日益增长的复杂性等问题越来越受到软件企业、软件用户的关心与重视。由于软件开发周期变短，应用程序的使用和围绕应用程序的技术可能每天都在变化，所以在运作期间必须对应用程序的质量进行监控。软件测试已成为进行软件产品质量控制、管理与检测的重要手段。

　　软件测试是贯穿于软件分析、设计、开发全生命周期的质量控制过程，软件质量则是指软件产品中能满足给定需求的各种特性的总和。ISO/IEC 25010中规定了软件质量模型，归纳出8个质量特性，即功能适用性、性能效率、兼容性、易用性、可靠性、安全性、可维护性和可移植性，每个特性都包含若干子特性。软件质量特性所具有的复杂性、抽象性及难以度量性等，使得软件测试内容繁多、技术复杂、过程繁杂。软件企业已越来越意识到软件测试的重要性。在微软公司内部，软件测试人员与软件开发人员的比率一般为1.5～2.5，这也许出乎了大家对软件测试工作的理解，但微软软件开发的实践过程已经证明了这种人员结构的合理性。我国的软件企业也逐渐加大了软件测试在整个软件开发系统工程中的比重。近些年来，测试成本占总成本的比例呈上升趋势。

　　为了缩小国内软件测试水平与国际水平的差距，培养更多专业的软件测试人才，国内许多高校和培训机构都开设了各类软件测试课程。我们通过总结多年的软件测试技术教学和实践经验编写了本书。全书共分为7章。

　　第1章介绍了软件测试的相关概念，包括软件质量的定义、特性、评价模型和软件质量保证，软件缺陷的定义、属性和管理，以及软件测试的定义、基本原则、流程、层次、分类和测试用例等知识。

　　第2章介绍了软件测试过程与管理，分别介绍了软件测试中的常见模型：

V 模型、W 模型、X 模型、H 模型，敏捷模型，以及软件测试管理和对软件测试人员的要求。

第 3 章介绍了黑盒测试的主要方法，包括边界值测试、等价类测试、基于判定表的测试、因果图测试、场景测试等。

第 4 章介绍了白盒测试的主要方法，包括逻辑覆盖测试、路径测试、数据流测试、变异测试等。

第 5 章介绍了单元测试的相关知识，重点介绍了单元测试的定义、环境、意义、策略、内容、工具，以及动、静态测试方法，最后通过案例来实践单元测试的过程。

第 6 章介绍了集成测试的相关知识，重点介绍了集成测试的概念、集成测试的各类方法，包括基于功能分解的集成测试、基于调用图的集成测试、基于 UML 的集成测试，最后通过一个案例来实践集成测试的过程。

第 7 章介绍了系统测试的相关知识，重点介绍了系统测试的定义、内容以及系统测试的方法。由于 Web 系统的广泛应用以及其软件的特点，本章还介绍了关于 Web 系统测试的特有方法，并以一个在线考试系统为例，详细介绍了 Web 系统的测试方法和流程。

本书突出案例教学的特点，注重学生测试实践能力的培养。除第 1 章外，每章均设置了实验。在阅读本书时，对任何测试技术，不仅要知其然，还要知其所以然；从理论到实践，再从实践回归理论。只有这样，才能更好地领悟书中所涉及的理论和技术。

感谢西安电子科技大学出版社为本书出版辛勤付出的所有编辑们。

鉴于作者水平有限，编写时间仓促，书中疏漏之处在所难免，恳请读者批评指正。

编　者

2023 年 9 月

目　录

第1章

软件测试基础

随着用户对软件产品质量要求的不断提高，软件的质量也越来越受到人们的重视，软件测试在软件开发中的地位越来越重要。软件工程的总目标是充分利用有限的人力、物力和财力，高效率、高质量地完成软件开发项目。不足的软件测试势必使软件带有某些隐藏错误投入运行，这意味着用户将承担更大的风险。

1.1 软件质量

万物互联的时代，软件定义一切。软件在人们的生活、工作、教育、科研、娱乐、出行、医疗等方方面面产生着巨大影响，如信息物理系统、物联网 IoT、智能系统等复杂软件系统，在人们的生产和生活中扮演着越来越重要的角色。软件是人类逻辑思维的产物，需要依托硬件发挥作用，其自身固有的属性以及软件系统的高复杂性等特点使软件产品面临不稳定、可靠性差、安全性问题突出、可维护性差等越来越多的质量问题。软件开发不同于传统制造业，从某种程度上说，软件企业之间的竞争就是软件质量的竞争。

1.1.1 软件质量的定义

ANSI/IEEE STD729—1983 给出了软件质量的定义：软件产品满足规定的和隐含的，与需求能力有关的全部特征和特性，包括：

(1) 软件产品质量满足用户要求的程度；

(2) 软件各种属性的组合程度；

(3) 用户对软件产品的综合反映程度；

(4) 软件在使用过程中满足用户要求的程度。

关于软件质量，还有其他一些定义，体现了软件质量评判的不同视点。

SEI(美国软件工程研究所) 的 Watts Humphrey 认为，软件质量是在实用性、需求、可靠性和可维护性上，一致达到优秀的水准。

软件质量还被定义为：

(1) 客户满意度：最终的软件 (产品) 能最大限度地满足客户需求的程度。

(2) 一致性准则：在生命周期的每个阶段中，工作产品总能保持与上一阶段工作产品的一致性，最终可追溯到原始的业务需求。

（3）软件质量度量：设立软件质量度量指标体系（例如：GB/T 16260—2006 和 ISO 25000 系列），以此来度量软件产品的质量。

（4）过程质量观：软件的质量就是其开发过程的质量。因此，对软件质量的度量转化为对软件过程的度量，即要定义一套良好的软件"过程"，并严格控制软件的开发，使其照此过程进行。Humphrey 的质量观是"软件系统的质量取决于开发和维护它的过程的质量"。

1.1.2　软件质量特性

软件的质量需求，从根本上说是为了引导和满足客户的需求，而软件质量具体表现为软件产品固有的特性，如产品的功能适用性、可靠性、兼容性、易用性、性能效率、可维护性、可移植性和安全性等。客户、软件产品开发人员和软件开发企业对产品质量的认识有不同的侧重点，但必须达到一个平衡点。

（1）从客户的角度来看，主要关注产品的功能性需求和非功能性需求。功能性需求是指通过人机交互界面来完成用户所需要的各项操作，包括数据的输入和结果的输出。同时对于这些功能的使用，要求易用性高，界面友好。非功能性需求主要体现在软件产品的性能、有效性、可靠性等方面，对于不同种类的软件，其非功能性需求有很大差异，如实时软件在可靠性和实时性上要求就非常高。

（2）从软件开发人员的角度来看，除客户所关注的外，还要关注产品的可维护性、兼容性、可扩展性和可移植性等方面。

（3）对于软件开发企业来说，除了客户和开发人员所关注的重点外，软件的质量需求更多体现在市场竞争、成本控制等方面。提高软件的质量可以大大降低因质量问题产生的不良成本（如维护成本等），提高企业的利润。因此，对企业而言，质量需求主要体现在软件的非功能性需求上，如软件的可维护性、可移植性、可扩展性等上。

综上所述，软件质量必须兼顾客户、软件开发人员和软件开发企业对软件质量的需求。一般来说，高质量软件应具备以下基本特性：

（1）满足用户的需求。这是最重要的一点，一个软件如果不能够满足用户的需要，设计的界面再好，采用的技术再先进，也没有任何的意义。

（2）合理进度、成本、功能关系。一个高质量的软件的开发过程中，项目成员一定能够客观地对待这三个因素，并通过有效的计划、管理、控制，使得三者之间达成一种平衡，保证产出的最大化。

（3）具备扩展性和灵活性。能够适应一定程度的需求变化，有变化或变更会对软件开发产生冲击，所以一个质量优秀的软件，应该能够在一定程度上适应这种变化或变更，并保持软件的稳定。

（4）具备一定的可靠性。能够有效处理例外的情况，能够承受各种非法情况的冲击。

（5）保持成本和性能的平衡。性能往往来源于客户的非功能需求，是软件质量的一个重要的评价因素。但是性能问题在任何地方都存在，所以需要客观地看待它。例如，代码可读性与可靠性之间的平衡。

广义的软件质量观，即软件不仅指软件产品，而且包括软件的开发过程以及软件的运行或软件提供的服务。基于此，广义的软件质量可以由以下三个部分构成。

(1) 软件产品的质量：满足使用要求的程度。

(2) 软件开发过程的质量：能否满足开发所带来的成本、时间和风险等要求。

(3) 软件在其商业环境中所表现的质量。

1.1.3　软件质量评价模型

软件质量具有质量的基本属性，也具有其特殊的质量内涵。业界通常采用"质量特性－质量子特性－度量指标"的层次构建软件质量评价模型，已经有很多成熟的模型来定义和度量软件质量特性，比较常见的有 McCall 模型 (1977 年)、Boehm 模型 (1978 年)、ISO 9126 模型 (1993 年) 和 ISO/IEC 25010 软件质量模型 (2011 年)。这里需注意，ISO/IEC 9126—1：2001 已被 ISO/IEC 25010：2011 代替并废止。

根据国家标准 (如 GB/T 25000.10—2016) 及国际标准 (如 ISO/IEC 25010：2011)，软件质量模型包括了从生产过程角度出发的过程质量属性，从软件产品角度出发的内部质量、外部质量属性，以及从软件产品的效用角度出发的使用质量属性。过程质量、内部质量、外部质量和使用质量存在相互依赖的关系：过程质量影响内部质量，内部质量影响外部质量，外部质量影响使用质量；而使用质量依赖于外部质量，外部质量依赖于内部质量，内部质量依赖于过程质量，其属性关系示意如图 1-1。

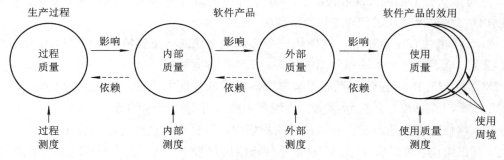

图 1-1　软件质量属性关系

ISO/IEC 25010 中对软件产品质量模型定义了 8 个质量特性：功能适用性、性能效率、兼容性、易用性、可靠性、安全性、可维护性和可移植性，并进一步分解为可以度量的 31 个子特性，如图 1-2 所示。

图 1-2　软件产品质量模型

(1) 功能适用性 (Functional suitability)：软件所实现的功能达到其设计规范和满足用户需求的程度。

(2) 性能效率 (Performance efficiency)：在指定条件下，软件对操作所表现出的时间特性 (如响应速度) 以及为实现某种功能有效利用计算机资源 (包括内存大小、CPU 占用时间等) 的程度。

(3) 兼容性 (Compatibility)：涉及共存和互操作性，共存要求软件能够与系统平台、子系统、第三方软件等兼容，同时针对国际化和本地化进行了合适的处理。互操作性要求系统功能之间的有效对接，涉及 API 和文件格式等的兼容。

(4) 易用性 (Usability)：对于一个软件，用户学习、操作、准备输入和理解输出所作努力的程度，如安装简单方便、容易使用、界面友好，并能适用于不同特点的用户，包括能对残疾人、有缺陷的人提供产品使用的有效途径或手段。

(5) 可靠性 (Reliability)：在规定的时间和条件下，软件能维持其正常的功能操作、性能水平的程度。

(6) 安全性 (Security)：要求其能在数据传输和存储等方面确保安全，包括对用户身份的认证、对数据进行加密和完整性校验，所有关键性的操作都有记录，能够审查不同角色用户所做的操作等。

(7) 可维护性 (Maintainability)：当一个软件投入运行应用后，需求发生变化、环境改变或软件发生错误时，进行相应修改所作努力的程度。

(8) 可移植性 (Portability)：软件从一个计算机系统或环境移植到另一个系统或环境的容易程度，或者是一个系统和外部条件共同工作的容易程度。

ISO/IEC 25010 中对软件产品质量模型新增了软件使用质量，其表现为 5 个特性：有效性、效率、满意度、风险缓解度、周境覆盖度，并进一步被划分为可以被度量的 12 个子特征。软件使用质量是指在特定的使用周境中，软件产品使得特定用户在使用软件产品过程中获得愉悦、对产品信任；产品也不应该给用户带来经济、健康和环境等方面的风险，并能处理好业务的上下文关系，覆盖完整的业务领域，其示意如图 1-3 所示。

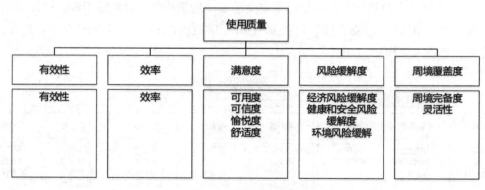

图 1-3　软件使用质量

(1) 有效性 (Effectiveness)：指用户实现指定目标的准确性和完备性。

(2) 效率 (Efficiency)：指与用户实现目标的准确性和完备性相关的资源消耗。相关的资源可包括完成任务的时间 (人力资源)、原材料或使用的财务成本。

(3) 满意度 (Satisfaction)：指产品或系统在指定的使用周境中使用时，用户的要求被满足的程度，包括对产品使用的态度、可信性、用户因个人要求被满足而获得愉悦感的程度等。

(4) 风险缓解度 (Freedom from risk)：指产品或系统在经济现状、人的生命、健康或环境方面缓解潜在风险的程度。

(5) 周境覆盖度 (Context coverage)：指在指定的使用周境和超出最初设定需求的周境中，产品或系统在有效性、效率、抗风险缓解度和满意度特性方面能够被使用的程度。使用周境与使用质量和一些产品质量特性或子特性相关 (即"指定条件")。

1.1.4　软件质量保证

软件质量控制涉及一系列任务，一般通过识别缺陷和纠正开发软件中的缺陷来确保软件质量。这是一个被动的过程，此过程的主要目的是在发布软件之前通过纠正工具纠正所有类型的缺陷，从而满足客户对软件高质量的要求。质量控制的责任属于一个特定的团队，称为测试团队，一般通过验证和纠正工具来测试软件的缺陷。

质量保证是质量管理的一部分，是为了提供信用和证明项目将会达到有关质量标准，而在质量体系中开发的有计划、有组织的工作活动。软件质量保证由各种任务组成，分为内部、外部质量保证两种，内部质量保证是组织向自己的管理者提供信任；外部质量保证是组织向外部客户或其他方提供信任。因此，软件质量保证不是任何特定的团队的责任，而是开发团队每个成员的责任。

美国 CMU 大学的软件工程研究所推荐了一组包括计划、监督、记录、分析及报告的质量保证活动。这些活动由一个独立的质量保证小组 (SQA) 来执行：

(1) 为项目准备质量保证计划；

(2) 参与开发该项目的软件过程描述；

(3) 复审各项软件工程活动，对其是否符合已定义好的软件过程进行核实；

(4) 审计软件工作产品，对其是否符合定义好的软件过程中的相关部分进行核实；

(5) 确保软件工作及其工作产品中的偏差已被记录，并按预定流程进行了处理；

(6) 记录所有不符合的部分，并报告给高级管理者。

软件质量保证就软件项目是否正遵循已制定的计划、标准和规程，向开发人员和管理层提供反映产品和过程质量的信息和数据，提高项目透明度，同时辅助软件工程组取得高质量的软件产品。主要包括以下四个方面：

(1) 通过监控软件开发过程来保证产品质量；

(2) 保证开发出来的软件和软件开发过程符合相应的标准与规程；

(3) 保证软件产品、软件开发过程中存在的问题能得到及时处理，必要时将问题反映给高级管理者；

(4) 确保项目组制定的计划、标准和规程适合项目组需要，同时满足评审和审计需要。

软件质量保证是面向过程的，其工作对象是产品和开发全过程的行为。从项目一开始，质量保证人员就应介入计划、标准、流程的制定；这种参与有助于满足产品的实际需求，能对整个产品生命周期的开发过程进行有效的检查、审计，并向最高管理层提供产品及其过程的可视性。因此，软件质量保证在流程和预防性方面具有前瞻性。

1.2 软件缺陷

  1945 年 9 月 9 日下午三点，天气炎热，美国海军的"马克二型"计算机突然死机了，经过技术人员排查，最后定位到第 70 号继电器出错。编程员、编译器的发明者格蕾斯·哈珀 (Grace Hopper) 观察这个出错的继电器时，发现一只飞蛾躺在中间，已经被继电器打死。她小心地用镊子将蛾子夹出来，用透明胶布贴到事件记录本中，并注明 "First Computer Bug!"，如图 1-4 所示。从此以后，人们将计算机错误或软件缺陷戏称为 "Bug"。

图 1-4　第一个有记载的 Bug

  无数的案例表明，随着软件应用越来越普及，由软件缺陷造成的软件质量事故层出不穷，不仅给用户和软件企业带来巨大损失，而且可能危及生命。

1.2.1 软件缺陷的定义

  软件缺陷是指对软件产品预期属性的偏离现象。IEEE (1983)729 从标准上将软件缺陷定义为：

  (1) 从产品内部看，软件缺陷是软件产品开发或维护过程中所存在的错误、毛病等各种问题；

  (2) 从产品外部看，软件缺陷是系统所需要实现的某种功能的失效或违背。

  结合软件质量指标，可以用下列 5 条陈述对软件缺陷进行更精确的定义：

  (1) 软件未达到产品说明书中已经标明的功能；

  (2) 软件出现了产品说明书中指明不会出现的错误；

(3) 软件未达到产品说明书中虽未指出但应当达到的目标；

(4) 软件功能超出了产品说明书中指明的范围；

(5) 软件测试人员认为软件难以理解、不易使用，或者最终用户认为该软件使用效果不良。

软件缺陷的范围很广，它涵盖了软件错误、不一致性问题、功能需求定义缺陷和产品设计缺陷等。有时也会使用错误、失误来表示软件缺陷，但是需要注意以下术语在使用中的细微差别：

(1) 缺陷 (Fault/Defect/Bug)：静态存在于文档说明、代码或硬件系统中的错误。如上下文不一致、输入范围错误、数组索引越界、拼写错误等。

(2) 错误 (Error)：代码执行到这个缺陷 (Fault) 时产生的错误中间状态。

(3) 失效 (Failure)：错误 (Error) 的中间状态传播出去，被用户观测到的外部表现，也将失效称为故障，即用户发现程序未产生所期望的服务。这种缺陷是动态的。

要区分这三个表示软件缺陷的术语，应明确 Fault、Error 和 Failure 分别用于表明不同阶段的软件问题。例如下面某程序片段，要计算数组中非零元素的个数：

```java
public int nozeroCount(int[] x)
{
int count = 0;
    int zero = 0;
    for (int i= 1; i<x.length; i++)
    {
        if (x[i] == 0)
        {
            zero ++;
        }
    }
    return count = x.length - zero;
}
```

在该段代码中，由于人为错误，将 i = 0 错写为 i = 1，称之为缺陷 (Fault)；如果输入测试数据 "1，0，2"，预期输出 count = 2，实际输出 count = 2，程序的实际输出结果与预期相符，虽然程序执行到出错的语句，但并不能发现程序中的错误；如果用 "0，1，0，2" 测试，预期输出 count = 2，实际输出 count = 3，程序输出的实际结果与预期不相符，错误通过 count 传递出来，程序发生了失效。

由此可见，有些代码并不会触发缺陷 (Fault)；包含缺陷的程序，不一定会产生错误 (Error) 的中间状态；产生了错误的中间状态，代码不一定会失效 (Failure)。本书中如未特别说明和区别，统一采用软件缺陷来对这三种软件质量问题进行表述。

1.2.2 软件缺陷属性

软件缺陷在程序执行的不同阶段有不同的表现，因此，需要使用简单、准确、专业的语言来抓住缺陷的本质，对软件缺陷的相关属性进行有效描述。软件缺陷的描述一般应包含缺陷标识、缺陷严重级别、缺陷产生可能性、缺陷优先级、缺陷状态、缺陷类型、缺陷起源、缺陷来源、缺陷产生的原因等内容。

1. 软件缺陷严重级别

软件缺陷严重级别 (Severity) 表示软件缺陷所造成的危害的恶劣程度。通常可以考虑分为以下几个级别，如表 1-1 所示。

表 1-1   软件缺陷的严重级别示例

缺陷级别	描述
严重缺陷 (Critical)	不能执行正常工作功能或重要功能，使系统崩溃或资源严重不足，包括： ① 由于程序所引起的死机，非法退出； ② 死循环； ③ 数据库发生死锁； ④ 错误操作导致的程序中断； ⑤ 严重的计算错误； ⑥ 与数据库连接错误； ⑦ 数据通信错误
较严重缺陷 (Major)	严重地影响系统要求或基本功能的实现，且没有更正办法 (重新安装或重新启动该软件不属于更正办法)，包括： ① 功能不符； ② 程序接口错误； ③ 数据流错误； ④ 轻微数据计算错误
一般缺陷 (Average Severity)	严重地影响系统要求或基本功能的实现，但存在合理的更正办法 (重新安装或重新启动该软件不属于更正办法)，包括： ① 界面错误 (附详细说明)； ② 打印内容、格式错误； ③ 简单的输入限制未放在前台进行控制； ④ 删除操作未给出提示； ⑤ 数据输入没有边界值限定或不合理
次要缺陷 (Minor)	使操作者不方便或遇到麻烦，但它不影响执行工作或功能实现，包括： ① 辅助说明描述不清楚； ② 显示格式不规范； ③ 系统处理未优化； ④ 长时间操作未给用户进度提示； ⑤ 提示窗口文字未采用行业术语
改进型缺陷 (Enhancement)	① 对系统使用的友好性有影响，例如：名词拼写错误、界面布局或色彩问题、文档的可读性、一致性等； ② 建议

缺陷的严重级别可根据项目的实际情况确定，一般在系统需求评审通过后，由开发人员、测试人员等组成相关人员共同讨论，达成一致，为后续的系统测试的 Bug 级别判断提供依据。

2. 软件缺陷优先级别

软件缺陷优先级别 (Priority) 表示修复缺陷的先后次序。一般可以用数字或字母表示，不同的企业也有不同的定义。表 1-2 所示为 Bugzilla(一个开源的缺陷跟踪系统) 中对缺陷级别的定义，P1 的优先级别最高。

表 1-2　缺陷优先级别示例

序号	优先级	描 述
1	P1	优先级别最高，立即修复，停止进一步测试
2	P2	次高优先级，部分功能无法继续测试，需要修复
3	P3	中等优先级，在产品发布前必须修复
4	P4	较低优先级，如果时间允许应该修复
5	P5	最低优先级，可能修复也可能不修复

一般地，严重程度高的缺陷被修复的优先级别也高，但二者之间不存在正比关系，需要结合实际情况综合考虑。

3. 软件缺陷状态

软件缺陷从被发现到被修复 (即该缺陷确保不会再出现) 的过程称为缺陷的生命周期。缺陷在生命周期中的阶段通过缺陷状态 (Status) 来表征。不同的公司或缺陷管理系统通常都会有自己对缺陷阶段的定义，表 1-3 中仅为一般的缺陷状态定义示例。

表 1-3　软件缺陷状态定义示例

序号	状态	描 述
1	New(新缺陷)	测试过程中测试人员新发现的缺陷
2	Open(打开)	缺陷由测试人员提交给开发，由测试人员更改为 Open
3	Rejected(拒绝)	开发人员拒绝的缺陷，不需要修复或者不是缺陷
4	Duplicate(重复)	该缺陷已经被发现，被重复提交
5	Deferred(延期)	当前版本不能修复而需要延期解决的缺陷
6	Update(更新)	开发人员修复了缺陷但是还没有提交给测试人员，由开发人员将状态更改为 Update
7	Fixed(已修复)	开发人员修复并自测通过后，提交给测试人员等待验证，由开发人员将状态更改为 Fixed
8	Close(关闭)	由测试人员验证，发现确实修改正确后，将状态改为 Close
9	Reopen(重新打开)	由测试人员验证，发现仍然没有修复或者修复未达到目标，则将状态更改为 Reopen，再次提交给开发人员处理

4. 缺陷类型

缺陷类型 (Type) 表示缺陷的自然属性，示例如表 1-4 所示。

表 1-4　缺　陷　类　型

序号	缺　陷　类　型
1	基础功能未实现
2	提交不完整
3	功能未实现
4	数据丢失或错误
5	操作界面问题
6	接口问题
7	文档问题
8	性能问题
9	安全问题
10	数据库问题
...	......

5. 缺陷来源

根据发现缺陷的不同阶段，缺陷来源示例如表 1-5 所示。

表 1-5　缺陷来源示例

来　源	描　述
需求 (Requirement)	在需求阶段发现的缺陷
架构 (Architecture)	在构架阶段发现的缺陷
设计 (Design)	在设计阶段发现的缺陷
代码 (Code)	在编码阶段发现的缺陷
测试 (Test)	在测试阶段发现的缺陷

1.2.3　软件缺陷的管理

软件测试人员需要根据软件缺陷的状态实施一系列判断和修改措施，称之为软件缺陷管理，如图 1-5 所示。软件缺陷管理的一般流程如下：

(1) 测试人员发现软件缺陷，提交新 Bug 入库，设置缺陷状态为 New；

(2) 软件测试经理或高级测试经理进行确认，若确认是缺陷，分配给相应的开发人员，设置缺陷状态为 Open；若不是缺陷 (或缺陷描述不清楚)，则拒绝，设置缺陷状态为 Declined。

(3) 开发人员对标记为 Open 状态的缺陷进行确认，若不是缺陷，修改状态为 Declined；若是，则进行修复，并修改状态为 Fixed。对于不能解决的缺陷，提交到项目组进行会议评审，以作出延期或进行修改等决策。

(4) 缺陷修复后由测试人员验证后，确认已修复才能关闭。

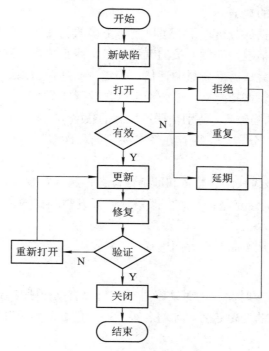

图 1-5　缺陷生命周期

对于被验证后已经关闭的缺陷，由于种种原因被重新打开，测试人员将此类缺陷标记为重新打开 (Reopen)，需要重新经历修复、关闭等阶段。

在缺陷管理过程中，需要加强测试人员与开发工程人员之间的交流，对于那些不能重现的缺陷或很难重现的缺陷，可以请测试人员补充必要的测试用例，给出详细的测试步骤和方法。同时，还需要注意的一些细节有：

(1) 软件缺陷跟踪过程中的不同阶段是测试人员、开发人员、配置管理人员和项目经理等协调工作的过程，要保持良好的沟通，尽量与相关的各方人员达成一致。

(2) 测试人员在评估软件缺陷的严重性和优先级上，要根据事先制定的相关标准或规范来判断，这些规范应具有独立性、权威性，若其不能与开发人员达成一致，由产品经理来裁决。

(3) 当发现一个缺陷时，测试人员应分给相应的开发人员。若无法判断合适的开发人员，应先分配给开发经理，由开发经理进行二次分配。

(4) 一旦进入缺陷修正状态，需要测试人员的验证，而且应围绕该缺陷进行相关的回归测试。包含该缺陷的测试版本是从配置管理系统中下载的，而不是由开发人员私下给出的。

(5) 只有测试人员有关闭缺陷的权限，开发人员没有这个权限。

1.2.4　缺陷数据的分析和利用

通常，在用户使用之前被检测出的软件缺陷称为检测缺陷 (Detected Defect)；软件发布后存在的缺陷称为残留缺陷 (Residual Defect)，包括在用户安装前未被检测出的缺陷和已被发现但还未被修复的缺陷。

通过对软件缺陷数据的分析，不仅可以了解更多的产品质量信息，还可以根据缺陷的状态来判断测试的进展情况、开发人员的编程质量、修正缺陷的进度等。另外，通过对缺陷数据的分析，还可以完成产品质量的评估，确定测试是否达到结束的标准，即软件的质量是否达到可发布水平。概括起来，该分析可以在以下几个方面发挥作用：

(1) 统计未修复的缺陷数目 (特别是严重性高的缺陷)，预计软件是否可以如期发布；

(2) 分析缺陷的类型分布，发现存在较多缺陷的程序模块，找出原因，进行软件开发过程改进；

(3) 根据测试人员报告缺陷的数量和准确性，评估测试有效性和测试技能；

(4) 根据报告的缺陷修复是否及时，改进软件开发与测试的关系，使测试与开发实现有机配合。

软件缺陷分析主要从下面几个方面进行：

1. 缺陷趋势分析

缺陷的趋势分析是在时间轴上对缺陷进行分析，有助于进度控制和测试过程的管理。主要是考察缺陷随时间的变化趋势，如将各种状态下的缺陷数量随时间的变化情况进行函数二维显示。

在一个成熟的软件开发过程中，缺陷趋势一般会遵循一种与预测比较接近的模式向前发展。在测试初期，缺陷量的增长率较高；但达到峰值后，缺陷将随时间以较低速率降低，如图 1-6 所示。

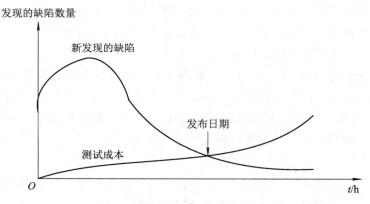

图 1-6   测试过程中的缺陷趋势分布图

从图 1-6 中可以看到，每天发现的新缺陷的数量呈下降趋势，假定工作量是恒定的，则每发现一个缺陷所消耗的成本会呈现上升趋势。所以，到某个点以后，继续进行测试的成本将会超过进行额外测试所需要的成本。确定发布日期就是对这种情况的测试时间进行估计。在估计发布日期的过程中，要考虑以下因素：

(1) 未发现 Bug 且 Bug 的级别对测试人员来说是未知的，采用基于风险的技术，可在一定程度上弥补其中的不足；

(2) 测试中发现 Bug 级别的趋势，采用基于风险的技术，能期待缺陷发现率下降，还能期待发现的缺陷的严重级别也下降。若没有这种趋势，则说明系统还不能交付使用，即没有达到可发布标准。

2. 缺陷分布分析

缺陷分布是缺陷的横向分布，即空间上的分布。可以针对一个或多个缺陷参数 (如项目、功能点、来源、严重级别等) 进行缺陷分析，如：

(1) 缺陷来源分析。帮助找出缺陷产生的根本原因，从而更新相关检查列表。

(2) 功能上的分布分析。这可以了解哪些功能模块的质量比较差等。分析功能上的缺陷分布，不仅可以帮助测试经理决定哪些功能领域和性能领域需要增强测试，而且可以使开发人员的注意力集中于频繁产生缺陷的模块或单元。

总之，通过缺陷分布分析，可以进一步优化测试时间的分配，改进软件开发流程。

3. 缺陷消除率 (DRE) 和缺陷损耗

1) 缺陷消除率

对测试有效性的度量通常采用缺陷消除率和缺陷损耗等指标来进行。这些指标均是利用产品系统测试中的或客户发现的缺陷数等参数来进行计算的。

使用测试期间发现的缺陷数量和未发现的缺陷数量两个指标，可以构造一个测试有效性的度量指标，即缺陷消除率：

$$DRE = \frac{测试期间发现的缺陷数量}{测试期间发现的缺陷数量 + 测试期间未发现的缺陷数量}$$

测试期间未发现的缺陷数量通常等于客户发现的缺陷数量 (尽管客户也不可能发现所有的缺陷)。DRE 是度量测试有效性的一个非常好的指标，但必须考虑以下问题：

(1) 必须考虑缺陷的严重级别和分布状况。

(2) 需要观察客户在以前项目或版本中报告的缺陷趋势，以确定客户发现 "绝大多数" 缺陷所需要的时间。

(3) 这种度量属于马后炮性质的度量，对度量当前项目的测试有效性毫无裨益，但对度量自己所在组织的测试有效性的长期趋势非常有意义。

(4) 缺陷数量的计算，在计算过程中采用同一起点，如单元测试或系统测试等，这样便于比较。

DRE 有时还用来度量某一特定测试等级的有效性，譬如系统测试的 DRE，这时应把系统测试期间发现的缺陷数量作为分子，并把这个数与产品中发现的缺陷数之和作为分母。

2) 缺陷损耗

缺陷损耗是指利用潜伏期所在阶段和缺陷分布来度量缺陷消除活动的有效性的一种指标。对于损耗，不同人所下的定义略有不同。在软件开发过程中，发现缺陷的时间越晚，则该缺陷带来的损失就越大，修复该缺陷的成本也就越高。表 1-6 显示了某项目的一个缺陷潜伏期尺度。需要注意的是，不同的组织和项目可对这个尺度进行适当的调整，以反映企业所在的项目开发的各个阶段、各个测试等级的数量和名称。

表 1-6 项目 A 的缺陷潜伏期尺度

缺陷造成阶段	发 现 阶 段								
	需求	概要设计	详细设计	编码	单元测试	集成测试	系统测试	β测试	产品推广
需求	0	1	2	3	4	5	6	7	8
概要设计		0	1	2	3	4	5	6	7
详细设计			0	1	2	3	4	5	6
编码				0	1	2	3	4	5

缺陷损耗可定义为

$$缺陷损耗 = \frac{缺陷数量 \times 发现的阶段潜伏期尺度}{缺陷总量}$$

一般而言，缺陷损耗的数值越低，则说明缺陷的发现过程就越有效，最理想的数值应是 1。作为一个绝对值，缺陷损耗几乎没有任何意义，但用缺陷损耗来度量测试有效性的长期趋势时，它就显示出自己的价值。

1.3 软件测试

1.3.1 软件测试的定义

软件测试的概念起源于 20 世纪 70 年代中期。1972 年在美国的北卡罗来纳大学组织了历史上第一次正式的关于软件测试的会议；1973 年首先给出软件测试的定义：测试就是建立一种信心，确信程序能够按期望的设想进行；1983 年修改软件测试的定义为：评价一个程序和系统的特性或能力，并确定它是否达到期望的结果，软件测试就是以此为目的的任何行为。

软件测试过程的终极目标是使软件的所有功能在所有设计规定的环境全部运行并通过，并确认这些功能的适合性和正确性，这是一种使自己确信产品能够工作的正向思维方法。

Myers Glenford 认为测试不应该着眼于验证软件是否正常工作，将验证软件可以正常工作作为测试目的，非常不利于测试人员发现软件中的缺陷。相反，应该首先认定软件是有错误的，然后用逆向思维去发现尽可能多的缺陷。1979 年，Myers Glenford 发表了《软件测试的艺术》(*The Art of Software Testing*)，给出软件测试的定义：测试是为发现错误而执行一个程序或者系统的过程，即：

(1) 测试是为了证明程序有错，而不是证明程序无错误。

(2) 一个好的测试用例在于它能发现以前未发现的错误。

(3) 一个成功的测试能发现以前未发现的错误。

IEEE 给出的定义是：测试是使用人工和自动手段来运行或检测某个系统的过程，其目的是检验系统是否满足规定的需求，或者弄清预期结果与实际结果之间的差别。

以上定义，我们可以认为是一种狭义的软件测试定义。

20 世纪 80 年代早期，软件行业开始逐渐关注软件产品质量，并在公司建立软件质量保证部门 QA 或 SQA。软件测试定义发生了改变，广义的测试，将质量的概念融入其中，认为测试不单单是一个发现错误的过程，测试也是保证软件质量 (SQA) 的主要职能，包含软件质量评价的内容。Bill Hetzel 在《软件测试完全指南》(*Complete Guide of Software Testing*) 一书中指出：测试是以评价一个程序或者系统属性为目标的任何一种活动。

广义的测试，涵盖了验证 (Verification) 和确认 (Validation) 两个概念：

验证，即检验软件是否已正确地实现了产品规格书所定义的系统功能和特性，通过检查和提供客观证据来证实指定的需求是否满足。

确认，即通过检查和提供客观证据来证实特定目的的功能或应用是否已经实现，一般由客户或代表客户的人执行，主要通过各种软件评审活动来实现。

GB/T 15532—2008《计算机软件测试规范》中明确规定软件测试的目的：

(1) 验证软件是否满足软件开发合同或项目开发计划、系统 / 子系统设计文档、软件需求规格说明书、软件设计说明和软件产品说明等规定的软件质量要求；

(2) 通过测试，发现软件缺陷；

(3) 为软件产品的质量测量和评价提供依据。

因此，软件测试更为普遍的定义是：

(1) 使用人工或者自动的手段检测 (包括验证和确认) 一个被测系统或部件的过程，其目的是检查系统的实际结果与预期结果是否保持一致，或者是否与用户的真正使用要求 (需求) 保持一致。

(2) 软件测试是根据软件开发各阶段的规格说明和程序的内部结构而精心设计的一批测试用例，并利用这些测试用例运行程序以及发现错误的过程，即执行测试步骤。它是保证软件质量的关键步骤。

1.3.2 软件测试基本原则

下面列出了在软件测试工作中应当遵循的经验与基本原则：

(1) 所有测试的标准都是建立在用户需求之上的，测试的目的是发现系统是否满足规定的需求。

(2) 应当把"尽早测试和不断测试"作为软件开发者的座右铭，越早进行测试，缺陷的修复成本就会越低。

(3) 程序员应避免检查自己的程序，第三方进行测试会更客观、更有效。

(4) 充分注意测试中的群集现象。一段程序中已发现的错误数越多，其中存在错误的概率也就越大，因此对发现错误较多的程序段，应进行更深入的测试。

(5) 设计测试用例时，应包括合理的输入和不合理的输入，以及各种边界条件，特殊情况下要制造极端状态和意外状态。

(6) 穷举测试是不可能的。

(7) 杀虫剂悖论。杀虫剂悖论指采用同样的测试用例进行多次重复测试，最后将不再能够发现新的缺陷。为了克服这种"杀虫剂悖论"，测试用例需要进行定期评审和修改，同时需要不断增加新的不同测试用例来测试软件或系统的不同部分，从而发现潜在的更多缺陷。

(8) 注意回归测试的关联性，往往修改一个错误会引起更多错误。

(9) 测试应从"小规模"开始，逐步转向"大规模"。

(10) 测试用例是设计出来的，不是写出来的，即根据测试的目的，采用相应的方法去设计测试用例，从而提高测试效率，更多地发现错误，提高程序的可靠性。

(11) 重视并妥善保存一切测试过程文档（测试计划、测试用例、测试报告等）。

(12) 对测试错误结果一定要有一个确认过程。

1.3.3　软件测试流程

软件测试是一个复杂的过程。如图 1-7 所示，一个规范化的软件测试流程通常须包括以下基本的测试活动：

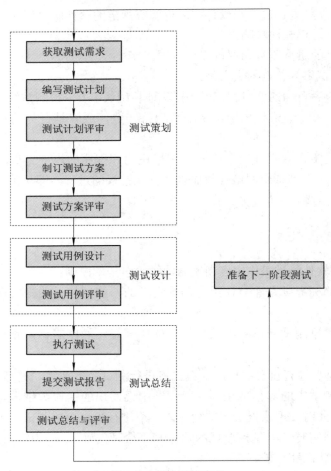

图 1-7　软件测试流程

(1) 获取测试需求：测试分析人员根据测试合同和被测软件开发文档，包括需求规格说明书、设计文档等，获取软件测试需求，确定被测软件的特性，明确测试对象与范围，了解用户具体需求，编制测试需求文档。

(2) 编写测试计划：要从宏观上反映项目的测试任务、测试阶段、资源需求等，对测试全过程的组织活动、资源分配、原则等进行规定和约束，并制订测试全过程中各个阶段的任务以及时间进度安排，提出对各项任务的评估、风险分析和需求管理。

(3) 测试计划评审：评审测试的范围和内容、资源、进度、各方责任等是否明确，风险的分析、评估与对策是否准确可行，测试文档是否符合规范，测试活动是否独立等。

(4) 制订测试方案：从技术的角度对一次测试活动进行规划，测试方案应说明需要测试的特性、测试的方法、测试环境的规划、测试工具的设计和选择、测试用例的设计方法、测试代码的设计方案等。

(5) 测试方案评审：评审测试方法是否合理、有效和可行。

(6) 测试用例设计：测试人员进行测试脚本的开发或者测试用例的设计。通过测试数据的准备，进行测试用例的开发与设计，以便于组织与控制测试流程。

(7) 测试用例评审：评审测试用例是否正确、可行和充分，测试环境是否正确、合理，测试文档是否符合规范。

(8) 执行测试：测试人员执行规定的测试项目和内容。在执行过程中，测试人员应认真观察并如实地记录测试过程、测试结果和发现的差错，认真填写测试记录。

(9) 提交测试报告：在执行测试脚本或测试用例后，找出与预期结果不符合的问题，填写缺陷提交报告，对产品的全部缺陷加以统计、分析后将测试报告提交给测试管理人员和相关开发人员。

(10) 测试总结与评审：当整个测试过程结束后，要对测试执行活动、测试报告、测试记录和测试问题报告等进行评审、总结，评审测试执行活动的有效性、测试结果的正确性和合理性、是否达到了测试目的、测试文档是否符合要求等。当测试活动由独立的测试机构实施时，评审由软件测试机构组织，软件需方、供方和有关专家参加。

(11) 准备下一阶段测试：当一个产品即将发布新版本时，准备新的测试过程。

根据 GB/T 15532—2008《计算机软件测试规范》，也可以将测试流程划分为测试策划、测试设计、测试总结三大阶段，各阶段的基本活动如上所述。不同的公司在流程方面的要求略有不同，根据项目对时间、成本和质量三个要素的把控和要求，也会出现不同的流程步骤。本书的第 2 章将详细讲解软件开发中的测试模型。

1.3.4　软件测试层次

软件测试层次又称测试级别或测试阶段，是按照软件开发阶段划分的，它使不同阶段的测试目的和测试任务更加明确。软件测试主要分为单元测试、集成测试、确认测试、系统测试、验收测试等。

1. 单元测试

单元测试又称模块测试，是指针对软件设计的最小单位——程序模块进行正确性检验的测试工作。其目的是检查每个程序单元能否正确实现详细设计说明中的模块功能、性能、接口和设计约束等要求，发现各模块内部可能存在的各种错误。单元测试需要从程序的内部结构出发设计测试用例。系统内多个模块可以并行地独立进行单元测试。

单元测试任务包括：① 模块接口测试；② 模块局部数据结构测试；③ 模块边界条件测试；④ 模块中所有独立执行通路测试；⑤ 模块的各条错误处理通路测试。

一般认为单元测试应紧接在编码之后，当源程序编制完成并通过复审和编译检查后，便可开始单元测试。测试用例的设计应与复审工作相结合，根据设计信息选取测试数据，应在确定测试用例的同时给出期望结果。而在测试驱动开发 (TDD) 模式中，则先写测试代码，所有开发代码仅需测试通过即可。

2. 集成测试

集成测试也称组装测试。通常在单元测试的基础上，按设计要求将通过单元测试的程序模块进行有序、递增的测试。集成测试是指检验程序单元或部件的接口关系，使其逐步集成为符合概要设计要求的程序部件或整个系统。

集成测试有非增量式和增量式两种集成策略。把所有模块按设计要求一次全部组装起来，然后进行整体测试，称为非增量式集成。采用这种策略不利于定位和纠正错误。与之相反的是增量式集成，程序一段段扩展，测试的范围一步步增大，易于定位和纠正错误，亦可实现完全彻底的界面测试。增量式集成又分自顶向下、自底向上和混合式集成等方法。

软件集成的过程是一个持续的过程，会形成多个临时版本，在不断集成的过程中，需要面对的最大挑战是保证功能集成的稳定性。在每个版本提交时，都需要进行冒烟测试，即对程序主要功能进行验证。冒烟测试也称版本验证测试、提交测试。

3. 确认测试

确认测试是指通过检验和提供客观证据，确定软件是否在特定用途上满足预期需求。确认测试用于检测与证实软件是否满足软件需求说明书中规定的要求。

4. 系统测试

系统测试是指为验证和确认系统是否达到其原始目标，而对集成的硬件和软件系统进行的测试。系统测试用来在真实或模拟系统运行的环境下，检查完整的程序系统能否和系统 (包括硬件、外设、网络和系统软件、支持平台等) 正确配置、连接，并满足用户需求。

系统测试应该由若干个不同测试组成，目的是充分运行系统，验证系统各部件是否都能正常工作并完成所赋予的任务。

5. 验收测试

验收测试是指按照项目任务书或合同、供需双方约定的验收依据文档进行的对整个系统的测试与评审，决定是否接收或拒收系统。

Mike Cohn 在其著作 *Succeeding with Agile* 中提出了测试金字塔这一概念，如图 1-8 所示。

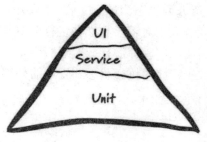

图 1-8　测试金字塔

测试金字塔这一概念建议：

(1) 编写不同粒度的测试。不同层次的测试维护成本、运行速度等都不一样。单元测试执行速度快且相对稳定，可以频繁执行。而上层的测试覆盖面会广些，但相对会慢很多，且不够稳定，需要较长时间才能获得反馈。

(2) 层次越高，测试应该越少。即尽可能多做单元测试和集成测试，尽可能少做端到端的测试。

作为一种较为理想化的框架，测试金字塔在指导测试自动化及实践方面发挥了重要的启发作用。

1.3.5　软件测试分类

软件测试分类，可按照软件工程的历史发展阶段、软件的开发阶段、测试实施组织、软件特性和软件测试技术等来进行。

(1) 按照软件工程的历史发展阶段，软件测试可分为基于过程的软件测试 (即传统的软件测试)、基于对象的软件测试和基于构件的软件测试。

(2) 按照软件的开发阶段，软件测试一般可分为单元测试、集成测试、系统测试、确认测试和验收测试。一般在模拟用户真实应用环境下进行软件确认测试。

(3) 按照测试实施组织，软件测试可分为开发方测试、用户测试、第三方测试。

开发方测试又称"验证测试"或"α 测试"。开发方在软件开发环境下，通过检测和提供客观证据，证实软件的实现是否满足规定的需求，可以和软件的"系统测试"一并进行。

用户测试又称"β 测试"。软件开发商有计划地免费将软件分发到目标用户市场，在实际应用环境下，用户通过运行和使用软件找出软件的缺陷与问题，检测与核实软件实现是否符合用户的预期要求，并把信息反馈给开发者。

第三方测试又称"独立测试"。第三方测试是由在技术、管理和财务上与开发方和用户方相对独立的组织进行的软件测试。

(4) 按软件特性，软件测试可分为功能测试和非功能性测试。

功能测试检查软件的实际功能是否符合用户的需求。一般分为逻辑功能测试、界面测试、易用性测试、安装测试、兼容性测试等。

非功能性测试包括性能测试、安全测试、可靠性测试、兼容性测试、本地化测试等。其中，性能测试包括很多方面，如响应时间、可靠性、负载能力、压力等。

（5）按照软件测试技术，可分为静态测试（技术）和动态测试（技术），如图 1-9 所示。静态测试强调不运行程序，通过人工对程序和文档进行分析与检查，静态测试实际上是指对软件的需求说明书、设计说明书、程序源代码等进行评审；动态测试是指通过人工或使用工具来运行程序，检查、分析程序的执行状态和程序的外部表现。

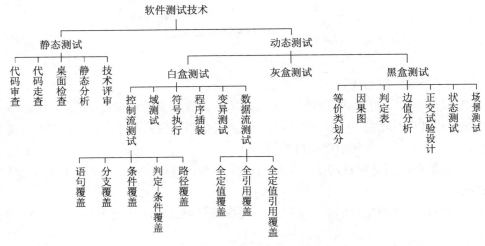

图 1-9 软件测试技术的分类

白盒测试：又称结构测试。进行白盒测试时，可以把程序看成是装在一个透明的白盒子里的，也就是清楚了解程序结构和处理过程，检查是否所有的结构及路径都是正确的，检查软件内部动作是否按照设计说明的规定正常进行。

黑盒测试：黑盒测试把测试对象看成一个黑盒子，完全不考虑程序内部结构和处理过程。通常在程序界面处进行测试，它只是用于检查程序或软件是否按照需求规格说明书的规定正常运行。

灰盒测试：介于白盒测试与黑盒测试之间的测试。灰盒测试不仅关注输出、输入的正确性，而且也关注内部表现，但这种关注不像白盒测试那样详细、完整。灰盒测试结合了白盒测试和黑盒测试的要素。

软件测试方法和技术的分类与软件开发过程紧密相关，它贯穿了整个软件生命周期。走查、技术评审、单元测试、集成测试、系统测试和确认测试等应用于整个开发过程的不同阶段。开发文档和源程序可以采用技术评审或走查的方法，单元测试可采用白盒测试方法，集成测试可采用灰盒测试方法，而系统测试和确认测试主要采用黑盒测试方法。

1.3.6   软件测试用例

软件测试是有组织性、步骤性和计划性的活动，为了降低软件质量风险，提高软件测试活动质量，实施软件测试活动时必须创建和维护测试用例（Test case）。

测试用例是测试工作的指导，好的测试用例，可以减少人力、资源投入，避免盲目测试，提高测试效率，减少测试的不完全性，在最短的时间内完成测试，从而发现软件系统的缺陷，保证软件的优良品质。

对于一个测试项，通过指定一系列情景和每个情景中的输入、预期结果和一组执行条件，而对软件的正确性进行判断的文档，称为测试用例。测试用例是通过对软件测试的行为活动所做的一个科学性的组织归纳而得到的。

测试用例的组成元素通常包括以下内容：

(1) 测试用例编号 ID，作为测试用例的唯一标识，可以分级表示产品或项目的名称、用例属性、测试子项、测试用例序号等信息。

(2) 测试用例标题，即用例名称。

(3) 测试项，作为测试对象的软件项。

(4) 测试依据，说明测试所依据的内容来源。如系统测试依据的是用户需求，配置项测试依据的是软件需求，集成测试和单元测试依据的是软件设计。

(5) 测试用例说明，用于简要描述测试的对象、目的和所采用的测试方法。

(6) 测试前置条件或环境，即测试的初始化要求，包括硬件配置、软件环境、测试配置、参数设置等。

(7) 测试输入 / 操作步骤，即实施测试用例的操作过程，指一系列按照执行顺序排列的相对独立的步骤，其中包括在测试用例执行中发送给被测试对象的所有测试命令、数据和信号等。

(8) 期望（输出）结果，说明测试用例执行中被测软件所产生的期望的测试结果。期望测试结果应该有具体内容，如确定的数值、状态或信号等，不应是不确切的概念或笼统的描述。

(9) 实际（输出）结果，指执行测试用例后所产生的实际测试结果。一般根据每个测试用例的期望测试结果、实际测试结果和评价准则判定该测试用例是否通过。

(10) 其他说明，指执行该测试用例的其他特殊要求和约束。

通常，可以用测试用例表来记录上述信息，如表 1-7 所示。

表 1-7　测 试 用 例

测试项		项目名称				
测试依据						
测试方法						
前置条件 / 环境						
用例设计人员 / 设计日期		用例执行人员 / 执行日期			审核人员 / 审核日期	
用例编号	用例说明	输入 / 操作步骤		预期结果	实际结果	结论 (P/F)	备注
其他说明						

1.3.7 软件测试的充分性与终止准则

测试覆盖 (Testing coverage)，是指测试系统覆盖被测试系统的程度，即测试的完全程度。Goodenough 和 Gerhart 于 1975 年在研究软件测试能否保证软件的正确性时引入了软件测试充分性这一概念。"充分性"用来度量一个给定的测试集 T 是否能验证软件 P 满足其需求 R。测试集的充分性由一个有限集来度量，其度量是相对于具体的测试充分性准则 C 而言的。对于每一个测试准则 C，都可以得到一个有限集，称之为覆盖域 Ce。

软件消亡前，如果没有测试终止准则，那么软件测试就永无止境。软件测试终止准则需要依据项目的具体情况来制定，一般可以遵循的终止准则有：基于测试阶段的原则、基于测试用例的原则、基于缺陷收敛及缺陷修复率原则、基于验收测试的原则、基于覆盖率的原则，以及根据软件项目进展需求而相应暂停或终止测试工作等。

本书主要采用基于覆盖率的原则，它是度量软件测试充分性的重要手段，也是度量测试技术有效性的一种方式，可以表示为

$$覆盖率 = \frac{至少被执行一次的item数量}{item总数}$$

目前最常用的测试覆盖评测策略有两种，分别是基于需求（即测试用例）的测试覆盖评测或基于（已执行）代码的测试覆盖评测。简而言之，测试覆盖是就需求或代码的设计/实施标准而言的充分程度的评测。

(1) 基于需求的测试覆盖评测在测试生命周期中要进行多次，并在测试生命周期的里程碑处提供测试覆盖的标识（如已计划的、已实施的、已执行的和成功的测试覆盖）。在执行测试活动中，使用两个测试覆盖评测，一个是确定执行的测试覆盖，另一个是确定成功的测试覆盖（即执行时未出现失败的测试，如没有出现缺陷或意外结果的测试）。如果需求已经完全分类，则基于需求的测试覆盖评测策略可能足以生成满足测试完全程度的可计量评测。

(2) 在基于代码的测试覆盖评测过程中，已经执行代码的多少对应于要执行的剩余代码的多少。这种测试覆盖策略对于安全至上的系统来说非常重要。代码覆盖可以建立在控制流（语句、分支或路径）覆盖或数据流覆盖的基础上。控制流覆盖的目的是测试代码行、分支条件、代码中的路径或软件控制流的其他元素。数据流覆盖的目的是通过软件操作测试数据状态是否有效，例如，数据元素在使用之前是否已作定义。

为了评测测试软件的程度，一般会用一种或多种不同的覆盖率指标。安全应用要求某种特定的覆盖率指标达到 100%。但需要注意的是，测试用例的设计不能一味地追求覆盖率，高的覆盖率会增加测试成本。覆盖率不是目的，只是一种手段，不可能考虑每种覆盖率指标，也不能只考虑一种覆盖率指标，测试人员应设计能最大程度提高覆盖率的用例。

案例1-1 数据结构设计不当引发的灾难

上个世纪，计算机硬件存储昂贵，为了节省内存，软件开发人员在涉及日历数据相关

的代码和产品中只用最后两位数字表示年份，即省略掉代表年份的前两位数字"19"，或默认前两位为"19"。然而，当日历越来越接近 1999 年 12 月 31 日时，人们越来越担心在千禧年的新年夜大家的电脑系统都会崩溃，因为系统日期会更新为 1900 年 1 月 1 日而不是 2000 年 1 月 1 日，这样可能意味着无数的灾难事件。

为纠正这一错误，全球耗费了数十亿美金来升级计算机系统，仍然发生了一些小的事故，如：西班牙的某停车场计费表坏了；法国气象局公布了 1900 年 1 月 1 日的天气预报；澳洲的公共汽车验票系统全面崩溃。

与上面的错误 (千年虫问题) 类似，由于 32 位处理器和 32 位系统的限制，会出现 2038 年问题：当 2038 年 3 月 19 日格林尼治时间 03:14:07 到来时，仍在使用 32 位系统管理日期和时间的计算机将无法区分 2038 年和 1970 年。

著名的"江南 Style"在 YouTube 上的 Bug，就是由于之前 YouTube 的计数器使用的是 32 位整数，它可以计数的最大可能点击量为 2 147 483 647。而鸟叔的"江南 Style"视频点击量超过了最大值。现在，YouTube 的视频计数器改用 64 位整数，意味着视频最大观看人数为 922 万万亿。

案例问题：

1. 为什么解决千年虫问题在当年付出了那么大的代价？
2. 软件缺陷更容易出现在哪里？

小组活动：

1. 分享在用户管理、数据处理等的数据库设计工作中，如何保证数据结构和类型的准确性。

案例1-2　火星气候探测者号的坠毁

1998 年 12 月 11 日，火星气候探测者号在佛罗里达州卡纳维拉尔角空军基地发射，这个花费 2.35 亿美元的飞船打算成为火星的第一颗气象卫星，将用高分辨率的照相机监控火星的大气层。为了避免火星上层大气层暂时下降的影响，火星气候探测器装载着太阳能电池组，能够定位自身使用的反应控制系统，使主机逆行到火星。

1999 年 9 月 23 日 UTC 9 点 00 分 46 秒，火星气候探测者号开始插入火星轨道，火星气候探测者号的无线电在 UTC 9 时 04 分 52 秒 (比预期还要早 49 秒) 终止联络，当时探测器已经进入火星的另一侧，但是它与地球间的通信从未重新建立。因为飞船在低于预期的高度接近火星，最终因为大气层的压力而解体。

在美国航空航天局的调查报告中，该事故的原因可以归纳为以下几个方面：

1) 宇宙辐射

在 9 个月的旅程中，飞船已被安排执行推进机动，以防止飞行器的反应控制轮获得太多的角动量。由于飞船上的太阳能电池板的非对称排列，角运动去饱和 (AMD) 机动发生的次数比预计的高了 10 倍。这是因为来自太阳的光子对航天器产生作用力并使其旋转。

虽然这些力相对来说很小，在 1.96 亿公里的飞行中，它们的影响叠加在一起，使航天器偏离预期轨道大约 170 公里。

2) 地面控制软件

第二个因素是洛克希德·马丁公司提供的地面控制软件的一个错误，该软件显示了每一次 AMD 机动的力量。该软件以英制单位 (磅 / 秒) 计算数值，而美国国家航空航天局 (NASA) 开发的软件预计数值是公制单位 (牛顿 / 秒)。由于这些数值没有被正确地转换，这导致了航天器位置上的微小差异，这些差异在数百万英里的飞行过程中叠加在一起，产生了较大的位置偏差。

3) 人为错误

第三个因素是人为错误。尽管 NASA 当时的编码标准要求使用公制单位，质量保证人员在外部软件中没有发现使用英制单位的情况。

事实上，在航行的头 4 个月里，美国宇航局依据承包商的电子邮件通知，判定飞船在旋转。由于文件格式错误以及多方面的 Bug，计算也靠手动进行，而不是使用软件。

团队之间的沟通和操作人员的培训被引述为事故发生的促进因素之一。譬如，机组人员错过了执行应急轨道修正的机会，尽管工作人员后来回忆说，他们都同意执行机动；导航人员还同时控制了 3 个不同的任务，这可能会削弱他们对轨道差异的注意力。

案例问题：

1. 讨论软件产品质量有哪些方面的问题，为什么会出现这些问题？
2. 软件开发人员、软件测试人员应该具备哪些素质？
3. 现代软件工程开发方法中如何保证软件产品的质量？

本 章 小 结

软件测试是对软件产品进行验证和确认的活动过程，其目的就是尽快尽早地发现软件产品在整个生命开发周期中存在的各种缺陷，以评估软件的质量是否达到可发布水平。软件测试是保证软件质量的关键环节。本章从全面认识软件质量特性入手，详细介绍了软件质量保证的重要性；从软件缺陷的产生，引导读者理解软件测试的定义、基本原则、流程；介绍缺陷管理、测试用例等基础知识，为后续学习奠定基础。

练 习 题 1

1. 软件质量就是软件产品的质量。该说法正确的是 (　　　)。

A. 狭义质量观　　　　　　　　　　B. 广义质量观

C. 错误的　　　　　　　　　　　　D. 无法判断

2. 严重程度高的缺陷被修复的优先级别一定高。该说法正确吗，为什么？

3. 请举例说明缺陷 (Fault)、错误 (Error)、失效 (Failure) 的区别。

4. 软件测试是软件质量保证的唯一手段吗，为什么？

5. 验证 (Verification) 与确认 (Validation) 有什么区别？

6. 为什么需要软件测试用例？

7. 软件测试和软件质量保证有哪些区别与联系？

8. 软件的质量与哪些因素有关？

9. 请辨析下述观点：(1) 软件的质量是设计出来的。(2) 软件的质量是测试出来的。

10. 如何规范地描述一个缺陷？查阅 Bugzilla 官网 (https://bugzilla.mozilla.org/buglist.cgi?quicksearch=log)、国家信息安全漏洞共享平台 (https://www.cnvd.org.cn/flaw/list) 等网站，尝试描述自己曾经遇到的缺陷。

11. 在测试管理中，应该收集哪些测试过程数据？如何对这些过程数据进行分析？

第 2 章

软件测试过程与管理

软件测试的目的是尽快尽早地发现在软件产品（包括阶段性产品）中所存在的各种问题，尽最大可能地消除软件开发过程中所存在的产品质量风险。随着软件研发模式的发展，软件测试在保证软件质量中有着重要地位，逐渐成为贯穿整个软件开发生命周期、对软件产品质量进行持续评估的过程。

2.1 传统软件测试模型

软件测试模型是软件测试工作的框架，它描述了软件测试过程中所包含的主要活动，以及这些活动间的相互关系。软件测试是软件开发过程的有机组成部分，因此，软件测试模型还要描述测试各项活动与软件开发过程中其他活动之间的关系。通过测试模型，软件测试工程师及相关人员可以了解测试何时开始、何时结束，测试过程中主要包含哪些活动、需要哪些资源等。

在进行软件测试时，要根据软件项目的测试目的、所采用的开发过程模型和组织条件等，选择合适的测试模型。传统的软件测试模型主要有：V 模型、W 模型、X 模型、H 模型等。

2.1.1 V 模型

传统的瀑布模型软件开发过程仅仅将测试过程作为需求分析、设计、实现后的一个阶段，软件升级修复成本高，适用于早期基础软件开发，周期比较长，不适应频繁的变更。V 模型针对瀑布模型对软件测试过程进行了补充和完善。V 模型最早是由 Paul Rook 在 20 世纪 80 年代后期提出的，旨在改进软件开发的效率和效果，在该模型中，测试过程被加在开发过程的后半部分，如图 2-1 所示。V 模型反映了测试活动与分析设计活动的关系。从左到右描述了基本的开发过程和测试行为，非常明确地标注出测试过程中所存在的不同类型测试，并且清楚地描述出这些测试阶段和开发过程期间各阶段的对应关系。

在 V 模型中的测试过程一侧，先进行单元测试，然后进行集成测试、系统测试，最后是验收测试，这些测试形成了软件测试的不同层次（级别），并与开发过程的相应阶段对应。各级测试的目的主要有：

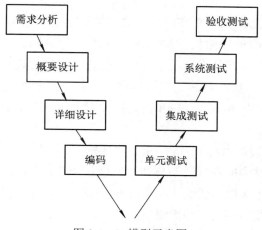

图 2-1 V 模型示意图

(1) 单元测试：检测最小的软件设计单元模块是否符合详细设计的要求，是否存在编码错误等，确保产生符合要求、运行可靠的程序单元。单元测试是最低层次的测试，但是是最有效的测试，在性能价格比上最优。

(2) 集成测试：检测此前已经测试过的各个模块（单元）是否能够完好地结合在一起，是否在接口等方面存在错误，确保各单元（模块）以正确、稳定和一致的方式进行交互。

(3) 系统测试：检测已集成在一起的产品是否符合需求规格说明书的要求。主要验证系统的功能性需求和非功能性需求，为下一阶段的验收测试奠定基础。

(4) 验收测试：检测产品是否符合最终用户的要求，并在软件正式交货前确保系统能正常工作且可用。

简单来说，单元测试和集成测试主要检测程序的执行是否满足软件设计的要求；系统测试应检测系统功能、性能的质量特性是否达到系统要求的指标；验收测试确定软件的实现是否满足用户需要或合同的要求。

V 模型中，对于测试设计没有明确说明，仅强调每个开发阶段有一个与之相关的测试级别，测试设计应该在各级别测试之前进行。在实际操作中，在需求分析阶段，文档通过评审后，就要进行验收测试和系统测试的用例设计，同样在概要设计通过评审后进行集成测试设计。

但 V 模型存在一定的局限性，它仅仅把测试作为编码之后的一个阶段，是针对程序进行的错误寻找的活动，但忽视了测试活动对需求分析、系统设计等活动的验证和确认。主要不足有：

(1) 软件测试执行是在编码实现后才进行的，容易导致从需求、设计等阶段隐藏的缺陷一直到验收测试阶段才被发现，这将导致发现和消除这些缺陷的代价非常高。

(2) 将开发和测试过程划分为固定边界的不同阶段，使相关人员很难跨过这些边界来采集测试所需要的信息。

(3) 容易让人形成"测试是开发之后的一个阶段""测试的对象就是程序"等误解。

2.1.2　W 模型

在 V 模型中，软件测试执行是在编码实现后才进行的，容易导致从需求、设计等阶段隐藏的缺陷一直到验收测试阶段才被发现。由于软件缺陷的发现和解决具有放大性，如在需求阶段遗留的缺陷在产品交付后才发现和解决，其代价是在需求阶段发现和解决代价的 40～1000 倍。因此，软件测试工作越早进行，其发现和解决错误的代价越小，风险也越小。根据这个观点，Systeme Evolutif 公司在 V 模型基础上，提出了 W 模型，如图 2-2 所示。

在该模型中，W 模型是由两个"V"重叠而成的。其中一个表示开发过程，另外一个表示测试过程。软件测试中的各项活动与开发过程各个阶段的活动相对应。软件开发过程中各阶段性可交付产品（文档、代码和可执行程序等）都要进行测试，以尽可能使在各阶段产生的缺陷在测试阶段得到发现和消除。

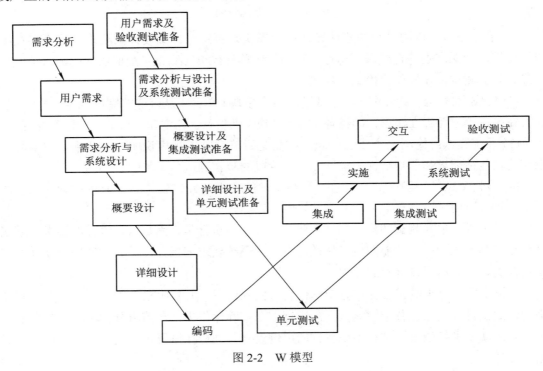

图 2-2　W 模型

按照 W 模型进行的软件测试实际上是对软件开发过程中各个阶段的可交付产品（即输出）的验证和确认活动。在开发过程中的各个阶段，需要进行需求评审、概要设计评审、详细设计评审，并完成相应的验收测试、系统测试、集成测试和单元测试等工作。

W 模型使我们树立了一种新的观点，即软件测试并不等于程序的测试，软件测试不应仅仅局限于程序测试的狭小范围内，而应贯穿于整个软件开发周期。因此，在需求阶段、设计阶段和程序实现等各个阶段得到的文档，如需求规格说明书、系统架构设计书、概要设计书、详细设计书、源代码等都应成为测试的对象。也就是说，测试与开发是同步进行的。W 模型有利于尽早、全面地发现问题。例如，需求分析完成后，测试人员应该参与到对需求的验证和确认活动中，以尽早地找出需求方面的缺陷。同时，对需求的测试也有利于及时了解项目难度和测试风险，及早制订应对措施，这将显著减少总体测试时间，加快项目进度。

但 W 模型也存在局限性。在 W 模型中，需求、设计、编码等活动被视为串行的，同时，测试和开发活动也保持着一种线性的前后关系，上一阶段完全结束，才可正式开始下一个阶段工作。这样就无法支持迭代的开发模型。当前，在复杂多变的软件开发环境下，W 模型并不能完全解决测试管理面临的问题。

2.1.3　X 模型

X 模型的基本思想是由 Marick 提出的，如图 2-3 所示。Robin F. Goldsmith 采用了 Marick 的部分想法并重新组织，形成了 X 模型。该模型名称并不是为了和 V 模型相对应，而是 X 通常代表未知。

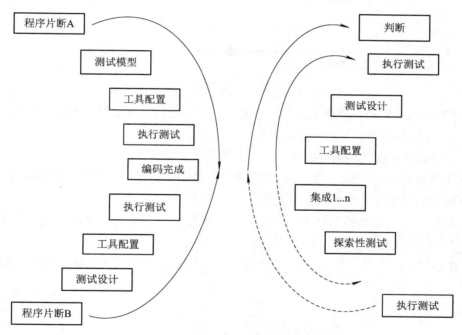

图 2-3　X 模型

Marick 对 V 模型的最主要批评是 V 模型无法引导项目的全部过程，他认为一个模型必须能处理开发的所有方面，包括交接、频繁重复的集成以及需求文档的缺乏等。X 模型的目标是弥补 V 模型的一些缺陷。

X 模型的左边描述的是针对单独程序片段所进行的相互分离的编码和测试，此后将进行频繁的交接，通过集成最终合成可执行的程序。对于图中右上半部这些可执行程序，还需要进行测试，已通过集成测试的成品若达到发布标准，则可提交给用户，也可以作为更大规模和范围内集成的一部分。多根并行的曲线表示软件变更可以在各个部分发生。在图 2-3 的右下方，X 模型还定位了探索性测试，这是不进行事先计划的特殊类型的测试，这种探索性测试往往能帮助有经验的测试人员在测试计划之外发现更多的软件错误。

X 模型的主要不足有：X 模型从没有被文档化，其内容一开始需要从 V 模型的相关内容中推断，而且 X 模型没有明确的需求角色确认。

2.1.4 H 模型

V 模型和 W 模型均存在一些不足之处，它们都把软件的开发视为需求、设计、编码等一系列串行的活动，而事实上，这些活动在大部分时间内是可以交叉进行的，所以相应的测试层次之间也不存在严格的次序关系。同时各层次的测试 (单元测试、集成测试、系统测试等) 也存在反复触发、迭代的关系。

为了解决以上问题，有专家提出了 H 模型，如图 2-4 所示。

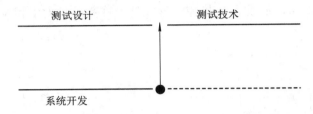

图 2-4 H 模型

H 模型将测试活动完全独立出来，形成了一个完全独立的流程，将测试准备活动和测试执行活动清晰地体现出来。H 模型揭示了：

(1) 软件测试不仅仅指测试的执行，还包括很多其他的活动；

(2) 软件测试是一个独立的流程，贯穿整个产品生命周期，与其他流程并发地进行；

(3) 软件测试要尽早准备，尽早执行；

(4) 软件测试是根据被测件的不同而分层次进行的。不同层次的测试活动可以是按照某个次序先后进行的，但也可能是反复的。

在 H 模型中，当某个测试时间点就绪时，软件测试即从测试准备阶段进入测试执行阶段。

2.2 敏 捷 模 型

随着软件系统的规模和复杂性的提高，以及企业竞争的日益激烈，客户对于软件产品的要求和期望日益提高，软件需求频繁变动，软件项目面临严峻的考验，据此，敏捷开发过程 (Agile Development Processes) 兴起并不断发展。

2001 年，一群软件开发人员在犹他州的 Snowbird 签署了"敏捷开发宣言"，宣布了四种核心价值和十二条原则，可以指导迭代的以人为中心的软件开发方法。十二条原则是：

(1) 我们最重要的目标是，持续不断地及早交付有价值的软件使客户满意。

(2) 即使在开发后期也要欣然面对需求变化。通过敏捷开发过程掌控变化，提升客户的竞争优势。

(3) 经常交付可工作的软件，一般相隔几个星期或一两个月，倾向于在较短的周期内交付。

(4) 业务人员和开发人员必须在项目的每一天相互合作。

(5) 激发个体的斗志，以他们为核心搭建项目。提供所需的环境和支援，辅以信任，从而达成目标。

(6) 不论团队内外，传递信息效果最好、效率也最高的方式是面对面交谈。

(7) 可工作的软件是进度的首要度量标准。

(8) 敏捷开发过程倡导可持续开发。责任人、开发人员和用户的步调要稳定延续。

(9) 坚持不懈地追求卓越的技术和良好的设计，敏捷能力由此增强。

(10) 以简洁为本，它是极力减少不必要工作量的艺术。

(11) 最好的架构、需求和设计出自自组织团队。

(12) 团队定期反思，寻求提高成效的方法，并依此调整自身的举止表现。

从十二条原则可以看出，敏捷开发强调快速响应需求变化，满足用户需求，开发、测试、业务等人员必须合作，加速迭代过程，可持续反馈和改进质量，这也与全面质量管理、零缺陷管理等先进的质量管理理念是一致的。

传统的软件测试流程使测试人员经常面临测试时间短、测试任务重、与开发人员沟通成本偏大、测试有效性低等问题，已不能满足敏捷开发的需求。

"敏捷"强调迭代开发，"敏捷团队"通常在较短的周期内工作（被人称为"冲刺"），通过一整套工具和技巧构建高质量的软件，以持续应对变化，使客户满意。敏捷（测试）模型示意图如图 2-5 所示。

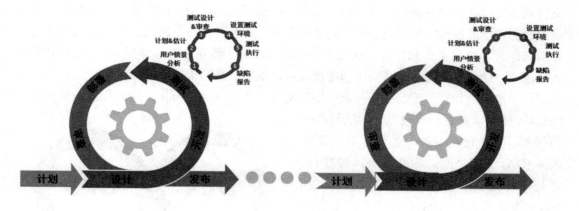

图 2-5　敏捷模型

"敏捷测试"是为了适应敏捷开发而特别设计的一套完整的软件测试解决方案、一类测试操作与管理的框架、一组实践或由一定顺序的测试活动构成的特定的测试流程，是遵守敏捷开发方法的原则的软件测试实践，其最终目标是应对频繁变化的需求，保证持续快速交付高质量的软件产品，力求达到质量和效率的平衡。

由此，敏捷测试与传统测试在以下几个方面存在区别：

(1) 测试团队：传统测试通常由专门的测试团队负责，与开发团队相对独立。而敏捷测试鼓励开发团队和测试团队的紧密合作，测试人员参与到开发团队中，共同负责软件质量的保证。

(2) 测试周期：传统测试通常在软件开发的后期进行，而敏捷测试是在整个开发周期中持续进行的。敏捷测试将测试活动融入开发过程中，每个迭代都包括测试工作，以保证软件质量的持续改进。

(3) 测试重点：传统测试更注重软件功能和规范的验证，而敏捷测试更注重软件的可用性和用户价值。敏捷测试强调及早发现和解决问题，关注用户需求和用户体验，以提供更好的软件产品。

(4) 测试方法：传统测试通常采用计划驱动的测试方法，测试活动按照预先制订的计划进行。而敏捷测试采用迭代和增量的测试方法，测试活动与开发活动交织在一起，每个迭代都进行测试和反馈，以实现快速迭代和持续交付。

(5) 测试工具：传统测试鼓励使用工具开展自动化测试，而敏捷测试需要依赖良好的自动化测试框架以支撑快速高效测试，自动化测试工具或平台是敏捷测试的基础。

(6) 测试文档：传统测试通常需要编写详细的测试计划、测试用例和测试报告等文档。而敏捷测试更注重实际的测试活动和结果，减少冗余的文档工作，更加注重口头和实际的沟通。

(7) 反馈和改进：传统测试在软件开发完成后进行测试，测试结果反馈较晚，改进较困难。而敏捷测试在每个迭代中都有测试和反馈，能够及时提出改进措施，解决问题，以实现快速迭代和持续改进。

综上所述，敏捷测试更加注重持续的测试活动和快速的反馈，以适应快速迭代和持续交付的开发模式。在有高速迭代、沟通要求的敏捷开发团队中，敏捷测试工程师需要关注需求变更、产品设计、源代码设计。通常情况下，需要全程参与敏捷开发团队的团队讨论评审活动，并参与决策制定等。在独立完成测试设计、测试执行、测试分析输出的同时，关注用户，达成有效沟通，从而协助敏捷流程，推动产品的快速开发。

为了按时交付软件产品和服务，开发和运维工作必须紧密合作。软件行业近年出现了DevOps 模型，它是一组过程、方法与系统的统称，用于促进开发、技术运营和质量保障 (QA) 部门之间的沟通、协作与整合。它是一种重视"软件开发人员 (Dev)"和"IT 运维技术人员 (Ops)"之间沟通合作的文化、运动或惯例。通过"软件交付"和"架构变更"的自动化流程，使得构建、测试、发布软件更加快捷、频繁和可靠。DevOps模型如图 2-6 所示。

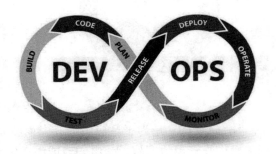

图 2-6   DevOps 模型

2.3 软件测试管理

软件测试是软件开发生命周期 (SDLC) 的重要组成部分。通常，软件测试活动的一般流程如图 2-7 所示。

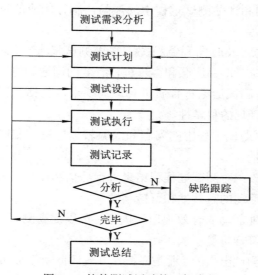

图 2-7 软件测试活动的一般流程

(1) 测试需求分析：分析被测对象，确定测试目标和测试范围。

(2) 测试计划：针对测试目标，规定测试任务、资源分配、人员角色、进度安排等。

(3) 测试设计：根据测试计划，设计测试用例，包括测试步骤、测试场景、测试代码、测试数据 (包括预期结果)。

(4) 测试执行：根据测试计划，配置测试环境，并手动或者自动执行测试设计。

(5) 测试记录：根据测试计划，忠实地记录测试执行的过程和结果。

(6) 分析、缺陷跟踪与测试总结：分析测试记录，如果发现结果与预期不同，确定并重新进行缺陷跟踪。检查测试设计是否全部执行完毕，缺陷是否全部关闭。分析测试过程和缺陷报告，评估测试质量和测试效果，给出是否通过测试的建议。

为确保顺利、按时地完成测试过程，需要对测试工作进行管理。测试管理是对软件测试过程进行规划、组织、协调和监控的一系列活动。通过测试过程的管理，实现测试工作的充分性 (sufficiency)、有效性 (effectiveness)、效率 (efficiency)，最终保证软件产品的质量。

软件测试管理活动一般包括以下几个方面内容：

(1) 测试计划制订：制订测试计划，明确测试的范围、目标、资源需求、时间安排、测试策略和方法等，以指导测试活动的执行。

(2) 测试团队组建：根据测试计划确定测试团队的组成，包括测试工程师、测试分析师、测试自动化工程师等，确保具备足够的测试资源。

(3) 测试进度管理：监控和控制测试进度，确保测试活动按计划进行，及时发现和解决进度延迟的问题。

(4) 测试资源管理：管理测试所需的硬件、软件和测试工具等资源，确保测试环境的可用性和稳定性。

(5) 缺陷管理：建立缺陷管理系统，对发现的缺陷进行记录、分类、跟踪和统计，协调开发团队进行缺陷修复，并进行缺陷的验证和关闭。

(6) 风险管理：识别和评估测试过程中的风险，制订相应的风险应对策略，并监控和控制风险的发生和影响。

(7) 测试报告和沟通：及时向利益相关方提供测试报告，包括测试进度、测试结果、缺陷情况等，与开发团队、产品团队和客户进行有效的沟通和协调。

(8) 质量保证：确保测试活动符合质量管理的要求，包括测试过程的规范化、测试方法的标准化、测试文档管理的科学性等。

(9) 测试改进：根据测试过程中的问题和经验教训，总结和归纳改进测试的方案和措施，提高测试效率和质量。

(10) 测试评估和审核：对测试过程和结果进行评估和审核，发现问题和不足，并提出改进建议，以确保测试活动的有效性和可持续性。

通过对软件测试管理活动的有效规划和执行，可以提高测试的效率和质量，减少测试风险，并确保软件交付符合质量要求。

软件的质量不是靠测试出来的，而是靠产品开发团队所有成员（包括需求分析工程师、系统设计工程师、程序员、测试工程师、技术支持工程师等）的共同努力获得的。建立规范的测试过程，通过对过程数据的收集、分析与处理，实施有效管理，持续改进测试过程，从而达成质效合一。

2.4 软件测试人员要求

软件测试工程师是负责并确保软件质量的重要角色。为了胜任这一职位，软件测试工程师需要具备一系列的能力和素质要求。随着云计算、大数据、人工智能、物联网等技术的迅猛发展，软件产品越来越复杂，跨领域特征明显，对软件测试人员的要求也越来越高。在实践中，应在测试过程中对测试工程师进行鼓励和培养，使个人的知识、技能、素养等得到加强。

1) 专业技能

软件测试工程师需要具备扎实的专业知识和技能。具体说明如下：

一是计算机基础知识和基本技能。需要至少熟悉一种编程语言，如 Java、Python、C# 等，能够编写测试脚本、自动化测试代码和开发测试工具；需要了解数据库的基本概念和常用操作，能够编写 SQL 查询语句，对测试数据进行操作和验证；需要熟悉常见操作系统（如红旗 Linux、麒麟家族、Windows、Linux 等)，了解操作系统的基本原理和命令行操作，能够进行系统级别的测试和问题排查；需要了解网络协议和常用网络工具，如 TCP/IP、HTTP、HTTPS、Wireshark 等，能够进行网络层面的测试和分析；需要了解软件开发的基本流程和常用的开发方法，如敏捷开发、迭代开发等，能够根据开发流程进行测试工作；需要了解常用的软件架构和设计模式，如 MVC、MVVM、单例模式、工厂模式等，能够分析软件和设计测试策略。

二是软件测试专业知识和技能。需要全面掌握软件测试的基本概念、原理和方法，熟悉各种测试类型，如功能测试、性能测试、安全测试等，并能根据项目需求选择适当的测试方法和技术；需要掌握常用的测试工具和技术，如自动化测试工具 (Selenium、Appium)、性能测试工具 (JMeter、LoadRunner)、安全测试工具 (OWASP ZAP、Burp Suite) 等，能够设计和实施自动化测试方案，提高测试效率和质量；具有需求分析和测试设计能力，能够理解需求文档，分析需求，并根据需求设计测试用例和测试方案；具备数据分析能力，能够通过分析测试结果和日志，及时发现和反馈问题。

2) 领域知识

由于软件产品已进入各行各业，作为软件测试工程师，除了计算机专业知识和技能外，还需要具备必要的领域知识。需要了解被测试软件所涉及的行业或领域的基本概念、业务流程、行业标准和法规要求，能够理解业务需求和功能需求，从而更好地设计和执行测试用例。重点需要关注以下领域知识：

用户体验 (UX) 知识：了解用户体验设计的基本原理和方法，能够评估和测试软件的用户体验，包括界面设计、易用性和可访问性等方面。

移动应用知识：了解移动应用的特点和技术，包括不同操作系统 (如 Android 和 iOS)、不同设备和分辨率、移动网络和传感器等，能够进行移动应用的测试和优化。

Web 应用知识：了解网站 (Web) 应用的特点和技术，包括前端技术 (如 HTML、CSS、JavaScript)、后端技术 (如服务器、数据库) 和常见的 Web 安全漏洞，能够进行 Web 应用的测试和安全评估。

数据分析知识：了解数据分析的基本原理和方法，能够进行数据驱动的测试和分析，包括统计分析、数据挖掘和机器学习等技术。

云计算知识：了解云计算的基本概念和技术，包括云服务模型 (如 IaaS、PaaS、SaaS)、云安全和性能等方面，能够进行云计算环境下的测试和评估。

物联网知识：了解物联网的基本原理和技术，包括传感器、通信协议、物联网平台和安全性等方面，能够进行物联网应用的测试和评估。

安全知识：了解常见的软件安全漏洞和攻击方式，如跨站脚本攻击 (XSS)、SQL 注入、拒绝服务攻击等，能够进行安全测试和评估。

这些领域知识将帮助软件测试工程师更好地理解被测试软件的特点和需求，从而设计和执行更有效的测试策略和用例，提高测试的准确性和覆盖率。

3) 个人素养

软件测试人员除了需要具备扎实的专业技能，还需要具备良好的个人素养，以帮助软件测试技术人员不断应对挑战，在项目中发挥更大的作用，提高测试效率和质量。

　　责任心和自律性：软件测试工程师需要对自己的工作负责，保证测试的质量和进度，具备自我管理能力。

　　细致和耐心：软件测试工作中，需要细致入微地检查和验证软件的各个方面。软件测试工程师需要具备细致和耐心的工作态度，保证测试的全面性、准确性和可靠性；需要仔细地执行测试计划和测试用例，准确地记录测试结果和问题，并及时跟踪和解决问题。

　　沟通表达能力：软件测试工程师需要具备良好的沟通能力，能够与开发团队、产品团队和其他相关人员进行有效的沟通和协作。能够清晰地表达自己的观点和意见，理解和反馈问题，并促进问题的解决和改进。

　　持续学习能力：软件测试工程师需要具备持续学习的意识和能力，不仅需要关注新技术和新方法的发展，不断学习和掌握新的测试工具和技术；还需要不断提升自己的技能和能力，适应软件行业的变化和挑战。

　　团队合作精神：软件测试工程师需要具备良好的团队合作精神。需要与开发团队和其他测试团队紧密合作，共同致力于提高软件质量。需要积极参与团队讨论和决策，分享经验和知识，共同解决问题和改进工作。

　　压力管理能力：软件测试工作可能会面临一定的时间压力和工作压力，软件测试工程师需要具备良好的压力管理能力，能够在紧张的工作环境下保持冷静和高效。

　　总之，良好的个人素养将帮助软件测试工程师更好地完成测试任务，提高测试效率和质量，并与团队成员共同推动项目的成功。

案例2-1　在线考试系统

　　某商业公司建立了一个在线考试系统，包括学生端、教师端和管理端。教师端主要功能包括用户管理、班级管理、试卷管理、题库管理、答卷管理和成绩分析；学生端的功能主要有答题、考试记录、训练、错题本等；管理端的功能包括消息中心、日志管理、权限管理、编排管理等。研发团队共同努力开发了这个系统并将其部署到服务器上。然而，他们不确定在真实的用户环境中启动该系统时，它的工作效率如何。公司老板指定你为该项目的测试经理。你的任务是验证和评估该在线考试系统的质量，然后将其交付给客户。

　　(1) 在测试评估阶段，你预测在线考试系统测试需要 5 个工程师在 1 个月内完成。但是老板却想尽快完成，他认为 10 个人在 2 周内即可完成。

　　(2) 在测试计划阶段，你和你的团队确定了测试停止和结束准则。测试停止标准是：失败的测试用例超过 40% 时应该暂停测试，直到开发团队修复所有失败的用例。测试结束标准是：95% 的关键测试用例必须通过，强制测试用例执行率 100%。

　　(3) 测试报告阶段，团队执行了 90% 的测试用例。

　　案例问题：

　　1. 估算测试工作量需要考虑哪些因素？增加人员是否一定能够提高工作效率？

　　2. 测试团队包含哪些角色，它们分别需要承担哪些职责？

3. 根据材料中的进展情况，你和你的团队能否确定测试结束？

案例2-2　个人记事贴App

某公司主营业务 Android APP 研发，旗下有一款个人记事贴功能 APP 产品，产品已经上市 1 年，目前发布过多个版本，用户群体并不大，在线注册用户为 1 万左右。公司的功能测试主要为手工测试，其 Bug 管理流程如下：

(1) 收到提交的新 Bug；

(2) 进行 Bug 分类和分配；

(3) 开发人员负责 Bug 修复并提交修复时长；

(4) 测试人员进行测试；

(5) 测试完成后确认时间进行上线。

该公司用例和 Bug 管理未采用专门的测试管理工具，仍然使用 Microsoft Excel 记录，见表 2-1，图 2-8 是某测试人员发现的缺陷记录。

表 2-1　用例记录表（部分）

用例编号	操作步骤	预期结果	实际结果	结论
TC01	输入时间、内容，新增事件记录	添加成功	显示新增成功	通过
TC02	查看记事贴列表	显示记事列表信息，包括内容、分类图标	不能显示图标	不通过
TC03	选取某条记录，点击删除记录	弹出确定删除按钮	弹出确定删除按钮	通过
TC04	选取某条记录，编辑更新内容	更新成功	更新成功并保存	通过

序号	问题描述	问题截图	优先级	来源	状态
Q1	记事贴不能正确显示记事类型图标		I	后端服务	修改完成

图 2-8　某条缺陷记录

注：优先级分为 I、II、III 三个级别，I 为最高级别；来源分为后端服务、Android 客户端；状态分为新建、修改完成、关闭 3 个状态。

测试人员就上面的缺陷与开发人员进行了交流。以下是他们之间的对话：

测试人员：XXX，这个地方你代码写得不对，有 Bug。

开发人员 (心里已经生气了)：不会的，在我的电脑上都是能实现的，没问题啊！

测试人员 (默默地再次测试，发现问题还是存在)：XXX，这确实是一个 Bug，记事类型图标无法显示。

开发人员：不可能，你刷新了没？这个步骤应该不会忘吧？

测试人员：(尴尬中)……

案例问题：

1. 说明测试用例与缺陷之间的关联。

2. 根据上述描述，找出其中 Bug 管理的问题，并给出改进意见。

3. 测试人员与开发人员的交流有效吗？若有问题，请指出。

小组活动：

分别扮演开发人员、测试人员，进行缺陷汇报，模拟交流场景，找出有效的沟通方法。

本 章 小 结

本章介绍的模型对指导测试工作具有重要的意义，但任何模型都不是完美的，应尽可能地应用模型中对项目有实用价值的方面，不能为使用模型而使用模型，否则就没有实际意义。

在这些模型中，V 模型强调在整个软件项目开发中需要经历的若干个测试级别，而且每一个级别都与一个开发级别对应，但它忽略了一点，即测试的对象不应该仅仅包括程序，或者说它没有明确地指出应该对软件的需求、设计等进行测试，而这一点在 W 模型中得到了补充和完善。W 模型强调测试计划等工作的先行和对系统需求和系统设计的测试，但 W 模型和 V 模型一样，也没有专门针对软件测试的流程予以说明，如第三方测试过程 (包含从测试计划和测试用例编写，到测试实施以及测试报告编写的全过程)，这个过程在 H 模型中得到了相应的体现，表现为测试是独立的。敏捷模型强调以价值为中心、持续为客户交付高质量的产品，体现了测试与开发的密切合作。因此，有效实施测试过程管理，能够保证测试工作可控，持续改进测试工作，从而提升软件产品质量。

作为软件测试工程师，需要不断提升专业技能，通过实际项目的测试工作积累经验，提升个人素养。

练 习 题 2

1. 软件测试的对象包括 (　　)

(A) 目标程序和相关文档

(B) 源程序、目标程序、数据及相关文档

(C) 目标程序、操作系统和平台软件

(D) 源程序和目标程序

2. 下列说法正确的是 (　　)。

(A) 测试要执行所有可能的输入

(B) 有时间就多测试一些，来不及就少测试一些

(C) 软件测试是测试人员的事，与开发人员无关

(D) 好的测试不一定要使用很多的测试工具

3. 请阐述测试过程和开发过程的关系。

4. 请对比不同测试模型的优缺点。

5. 在软件测试中，如何选择和确定合理的测试模型和测试过程？

6. 从测试模型演化过程可以看出，软件测试的地位发生了怎样的变化，为什么？

7. 请阐述在智能时代软件测试人员应具备哪些品质和能力。

实验 1　软件测试过程管理

1. 实验目的

(1) 能够准确描述基于敏捷开发的测试管理流程；

(2) 能够正确阐述项目需求、测试用例、缺陷的关联关系；

(3) 能够规范地描述发现的缺陷及其生命周期。

2. 实验内容

选择一个简单项目，完成测试管理全过程，涵盖提需求、关联用例、执行用例、报缺陷等阶段。

可选学之思开源考试系统 (https://mindskip.net/xzs.html)、SWAGLABS 电子商务网站 (https://www.saucedemo.com/) 或其他被测系统。

3. 实验工具

本次实验使用的测试管理平台，可选禅道开源管理软件 (https://www.zentao.net)。

4. 实验步骤

(1) 搭建测试管理平台；

(2) 选择被测项目，分析其功能特点；

(3) 按测试经理、测试工程师等不同角色实施其在项目测试中的职责和任务；

(4) 在管理平台提交相关的记录，包括测试需求、测试用例、缺陷等；

(5) 撰写实验报告。

5. 实验交付成果与总结

(1) 提交实验报告，应包含测试需求、测试用例、Bug 清单、Bug 报表统计。

(2) 思考与总结：

① 描述缺陷管理过程 (缺陷生命周期)；

② 总结测试团队中不同角色承担的任务及其协作关系。

第 3 章

黑 盒 测 试

本章将详细介绍黑盒测试的主要方法，包括边界值测试、等价类测试、基于判定表的测试、因果图、场景测试等。掌握和采用这些方法，能够较好地解决软件测试问题。进行软件测试时，可针对开发项目的特点选择适当的测试方法。

3.1 黑盒测试概述

黑盒测试 (Black box testing) 也称功能测试或数据驱动测试。它是根据已知产品所应具有的功能，通过测试来检测每个功能是否都能正常使用。在测试时，把程序看作一个不能打开的黑盒子，在完全不考虑程序内部结构和内部特性的情况下进行测试，测试者仅依据程序功能的需求规范来确定测试用例和推断测试结果的正确性。

黑盒测试试图发现以下类型的错误：

(1) 检查程序功能能否按需求规格说明书的规定正常使用，测试各功能是否有遗漏，测试性能等特性是否满足。

(2) 检查人机交互是否正确，检测数据结构是否正确，或外部数据库访问是否正常，程序是否能适当地接收输入数据而产生正确的输出结果，并保持外部信息 (如数据库或文件) 的完整性。

(3) 检测程序初始化和终止方面的错误。

黑盒测试意味着在软件的接口处进行测试，它着眼于程序外部结构，主要针对软件界面和软件功能进行测试。因此，可以说黑盒测试是站在用户的角度，从输入数据与输出结果的对应关系出发进行的测试。黑盒测试的模型如图 3-1 所示。

图 3-1　黑盒测试模型

黑盒测试直观的想法就是：既然程序被规定做某些事，就看它是否在任何情况下都做得对。换言之，使用黑盒测试发现程序中的错误，必须在所有可能的输入条件和输出结果下确定测试数据，检查程序是否正确。很显然这是不可能的，因为穷举测试数量太大，不仅要测试所有合法的输入，还要对那些不合法的输入进行测试。因此，黑盒测试的难点在于如何构造有效的测试数据。因此，在进行黑盒测试时，需要寻找最少最重要的用例集合以精简测试复杂性，提高测试效率。为此，黑盒测试有一套产生测试用例的方法，用以产生有限的测试用例而覆盖足够多的情况。

进行黑盒测试时，根据软件需求规格说明书设计测试用例，在被测试程序上执行测试用例的数据（输入数据/操作步骤），根据输出的测试结果判断程序是否正确。使用黑盒测试技术进行测试的一般过程如图 3-2 所示。

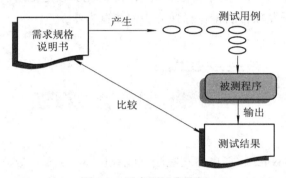

图 3-2　黑盒测试流程图

黑盒测试用例设计的主要依据是软件（系统）需求规格说明书，因此，在进行黑盒测试用例设计之前，需要确保需求规则说明书是经过评审的，其质量达到了既定的要求。

在黑盒测试中，最关键的步骤是设计测试用例。常用的黑盒测试（用例设计）方法包括：边界值测试、等价类（划分）测试、基于判定表的测试、因果图、场景测试法、错误推测法、正交试验法等。下面将详细介绍各种测试方法。

3.2　边界值测试

任何一个程序都可以看作是一个函数，程序的输入构成函数的定义域，程序的输出构成函数的值域。人们从长期的测试工作经验得知，大量的错误发生在定义域或值域（输出）的边界上，而非其内部。对于软件缺陷的位置，有句谚语：“缺陷遗漏在角落里，聚集在边界上”。

比如，在做三角形计算时，要输入三角形的 3 个边长：A、B 和 C。这三个数值只有满足 $A>0$、$B>0$、$C>0$、$A+B>C$、$A+C>B$、$B+C>A$，才能构成三角形。但如果把这 6 个不等式中的任何一个大于号"$>$"错写成大于等于号"$\geqslant$"，那就不能构成三角形。问题常常出现在容易被疏忽的边界附近，这时可以采用边界值分析法。边界值分析关注的是输入空间的边界，据此设计测试用例。本章介绍了边界值分析的一般方法和几种对边界值分析方法的扩展，包括健壮性边界测试方法和最坏情况测试方法。类似的例子还有很多，如：计数器常常"少记一次"；循环条件应该是"≤"时错误地写成了"＜"；数组下标越界（在 C 语言中数组下标是从零开始的，可能被错误地认为是从 1 开始的，从而使最后一个元素的下标越界）等。

边界值测试的基本原理是错误更可能出现在输入变量的极值附近，因此针对各种边界情况设计测试用例，可以查出更多的错误。

3.2.1 边界条件

边界条件就是一些特殊情况。一般的，在条件 C 下，软件执行一种操作，对任意小的值 σ，$C+\sigma$ 或 $C-\sigma$ 执行另外的操作，则 C 就是一个边界。

在多数情况下，边界条件是指基于应用程序的功能设计而需要考虑的因素，可以从软件的规格说明或常识中得到。比如程序要对学生成绩进行处理，要求输入数据的范围是 [0，100]，很明显输入条件的边界是 0 和 100。

不过，在测试用例设计过程中，某些边界条件是不需要呈现给用户的，或者说是很难被用户注意到的，但同时确实属于检验范畴内的，我们将其称为内部边界条件或次边界条件。

内部边界条件主要有下面几种。

1) 数值的边界值

计算机是基于二进制工作的，因此，软件的任何数值运算都有一定的范围限制。比如一个字节由 8 位组成，一个字节所能表达的数值范围是 [0，255]。表 3-1 列出了计算机中常用数值的范围。

表 3-1   二进制数值的边界

术　语	范　围　或　值
bit(位)	0 或 1
byte(字节)	0～255
word(字)	0～65 535(单字) 或 0～4 294 967 295(双字)
int(32 位)	−2 147 483 648 到 2 147 483 647
K(千)	1 024
M(兆)	1 048 576
G(千兆)	1 073 741 824

2) 字符的边界值

在计算机软件中，字符也是很重要的表示元素。其中 ASCII 和 Unicode 是常见的编码方式。表 3-2 中列出了一些常用字符对应的 ASCII 码值。如果要测试文本输入或文本转换的软件，在定义数据区间包含哪些值时，就可以参考一下 ASCII 码表，找出隐含的边界条件。

表 3-2 部分 ASCII 码值表

字　　符	ASCII 码值	字　　符	ASCII 码值
Null(空)	0	A	65
Space(空格)	32	a	97
/(斜杠)	47	Z	90
0(零)	48	z	122
:(冒号)	58	'(单引号)	96
@	64	{(大括号)	123

3) 其他边界条件

有一些边界条件容易被人忽略，比如，在文本框中并不是输入了错误的信息，而是根本就没有输入任何内容，然后就按"确认"按钮。这种情况常常被遗忘或忽视了，但在实际使用中却时常发生。因此在测试时还需要考虑默认值、空白、空值、零值、无输入等情况对程序执行的影响。

在进行边界值测试时，如何确定边界条件的取值呢？一般情况下，确定边界值应遵循以下几条原则：

(1) 如果输入条件规定了值的范围，则应取刚达到这个范围的边界的值，以及刚刚超越这个范围边界的值作为测试输入数据。

(2) 如果输入条件规定了值的个数，则用最大个数、最小个数、比最小个数少 1、比最大个数多 1 的数作为测试数据。

(3) 如果程序的规格说明给出的输入域或输出域是有序集合，则应选取集合的第一个元素和最后一个元素作为测试数据。

(4) 如果程序中使用了一个内部数据结构，则应当选择这个内部数据结构的边界上的值作为测试数据。

(5) 分析规格说明，找出其他可能的边界条件。

3.2.2 边界值分析

为便于理解，以下讨论涉及两个输入变量 x_1 和 x_2 的函数 F。假设 x_1 和 x_2 分别在下列的范围内取值：$a \leqslant x_1 \leqslant b$；$c \leqslant x_2 \leqslant d$；

函数 F 的输入空间如图 3-3 所示。阴影矩形中的任意一点都是函数 F 的有效输入。

边界值分析的基本思想是使用输入变量的最小值、略高于最小值、正常值、略低于最大值和最大值设计测试用例。通常我们用 min、min+、nom、max- 和 max 来表示。

当一个函数或程序，有两个及两个以上的输入变量时，就需要考虑如何组合各变量的取值。我们可根据可靠性理论中的单缺陷假设和多缺陷假设来考虑。

(1) 单缺陷假设是指"失效极少是由两个或两个以上的缺陷同时发生引起的"。依据单缺陷假设来设计测试用例，只让一个变量取边界值，其余变量取正常值。

(2) 多缺陷假设是指"失效是由两个或两个以上缺陷同时作用引起的"。因此依据多缺陷假设来设计测试用例时，要求在选取测试用例时同时让多个变量取边界值。

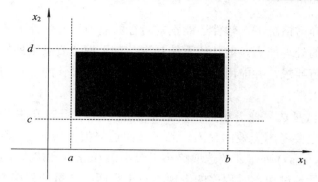

图 3-3　两个变量函数的输入域

在边界值分析中，用到了单缺陷假设，即选取测试用例时仅仅使得一个变量取极值，其他变量均取正常值。对于有两个输入变量的程序 P，其边界值分析的测试用例如下：

$\{<x_{1nom}, x_{2min}>, <x_{1nom}, x_{2min+}>, <x_{1nom}, x_{2nom}>, <x_{1nom}, x_{2max-}>, <x_{1nom}, x_{2max}>, <x_{1min}, x_{2nom}>, <x_{1min+}, x_{2nom}>, <x_{1max-}, x_{2nom}>, <x_{1max}, x_{2nom}>\}$

对于有两个输入变量的程序 P，其边界值分析的测试用例的位置如图 3-4 所示。

例如，有一个二元函数 $f(x, y)$，要求输入变量 x，y 分别满足：$x \in [1, 12]$，$y \in [1, 31]$。我们采用边界值分析法设计测试用例，可以选择下面一组测试数据：

$\{<1, 15>, <2, 15>, <11, 15>, <12, 15>, <6, 15>, <6, 1>, <6, 2>, <6, 30>, <6, 31>\}$

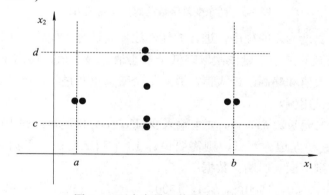

图 3-4　两个变量函数的边界值分析

对于一个含有 n 个输入变量的程序，使除一个以外的所有变量取正常值，使剩余的那个变量依次取最小值、略高于最小值、正常值、略低于最大值和最大值，并对每个变量重复进行。因此，对于有 n 个输入变量的程序，边界值分析会产生 $4n + 1$ 个测试用例。

例如，有一个三元函数 $f(x, y, z)$，其中 $x \in [0, 100]$，$y \in [1, 12]$，$z \in [1, 31]$，对该函数采用边界值分析法，将会得到 13 个测试用例：

$\{<50, 6, 1>, <50, 6, 2>, <50, 6, 30>, <50, 6, 31>, <50, 1, 15>, <50, 2, 15>, <50, 11, 15>, <50, 12, 15>, <0, 6, 15>, <1, 6, 15>, <99, 6, 15>, <100, 6, 15>, <50, 6, 15>\}$

3.2.3 健壮性边界测试

健壮性是指在异常情况下，软件还能正常运行的能力。健壮性可衡量软件对于规范要求以外的输入情况的处理能力。健壮的系统是指，对于规范要求以外的输入，能够判断出这个输入不符合规范要求，并能用合理的方式处理。软件设计的健壮与否直接反映了分析设计和编码人员的水平。

健壮性边界测试是边界值分析的一种简单扩展。在使用该方法设计测试用例时，既要考虑有效输入，也要考虑无效的输入。除了按照边界值分析方法选取的 5 个取值 (min、min+、nom、max−、max) 外，还要选取略小于最小值 (min−) 和略大于最大值 (max+) 的取值，以观察输入变量超过边界时程序的表现。对于有两个变量的程序 P，其健壮性测试用例如图 3-5 所示。

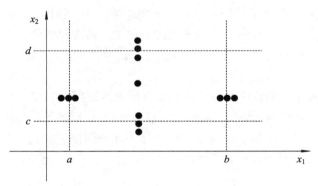

图 3-5　两个变量函数的健壮性测试用例

对于一个输入变量为 n 的程序，进行健壮性边界测试时，使除一个以外的所有其他变量取正常值，使剩余的那个变量依次取略低于最小值、最小值、略高于最小值、正常值、略低于最大值、最大值和略高于最大值，并对每个变量重复进行。因此其健壮性边界测试会产生 $6n+1$ 个测试用例。

例如，有一个二元函数 $f(x, y)$，要求输入变量 x, y 分别满足：$x \in [0, 100]$，$y \in [1000, 3000]$，对其进行健壮性边界测试，则需要设计 13 个测试用例。根据健壮性边界测试的原理，我们可以得到下面一组测试数据：

｛＜−1，1500＞，＜0，1500＞，＜1，1500＞，＜50，1500＞，＜99，1500＞，＜100，1500＞，＜101，1500＞，＜50，999＞，＜50，1000＞，＜50，1001＞，＜50，2999＞，＜50，3000＞，＜50，3001＞。

健壮性边界测试最关心的是预期的输出，而不是输入。健壮性边界测试的最大价值在于观察处理异常情况，它是检测软件系统容错性的重要手段。

3.2.4 最坏情况测试

最坏情况测试拒绝单缺陷假设，它关心的是多个变量取极值时所出现的情况。最坏情况测试中，对于每一个输入变量，首先获得包含最小值、略高于最小值、正常值、略低于最大值、最大值的 5 个元素的集合，然后对这些集合进行笛卡尔积计算，以生成测试用例。

对于有两个变量的程序 P，其最坏情况测试用例如图 3-6 所示。

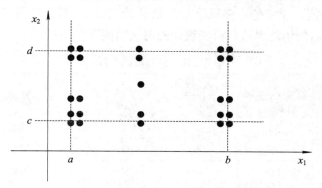

图 3-6　两个变量函数的最坏情况测试用例

显然，最坏情况测试更加彻底，因为边界值分析测试是最坏情况测试用例的真子集。进行最坏情况测试意味着更多的测试工作量：n 个变量的函数，其最坏情况测试将会产生 5^n 个测试用例，而边界值分析只产生 $4n+1$ 个测试用例。

健壮最坏情况测试是最坏情况测试的扩展，这种测试使用健壮性测试的 7 个元素集合的笛卡尔积，将会产生 7^n 个测试用例。图 3-7 给出了两个变量函数的健壮最坏情况测试用例。

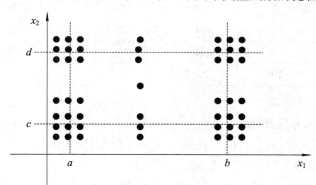

图 3-7　两个变量函数的健壮最坏情况测试用例

例 3-1　三角形问题

输入 3 个整数 a、b、c，分别作为三角形的 3 条边，通过程序判断这 3 条边能否构成三角形？如果能构成三角形，则判断三角形的类型（等边三角形、等腰三角形、一般三角形）。要求输入的 3 个整数 a、b、c 必须满足以下条件：$1 \leqslant a \leqslant 100$；$1 \leqslant b \leqslant 100$；$1 \leqslant c \leqslant 100$。请用边界值分析法设计测试用例。

我们用边界值分析法设计测试用例，具体步骤如下：

(1) 分析各变量取值。边界值分析的基本思想是使用输入变量的最小值、略高于最小值、正常值、略低于最大值和最大值设计测试用例。因此 a，b，c 的边界取值是：1，2，50，99，100。

(2) 测试用例数。有 n 个变量的程序，其边界值分析会产生 $4n+1$ 个测试用例。这里有 3 个变量，因此会产生 13 个测试用例。

(3) 设计测试用例。用边界值分析法设计测试用例就是使一个变量取边界值 (分别取最小值、略高于最小值、正常值、略低于最大值和最大值)，其余变量取正常值，然后对每个变量重复进行。本例用边界值分析法设计的测试用例见表 3-3。

表 3-3　三角形问题的测试用例

测试用例	输入 数 据			预 期 输 出
	a	b	c	
1	50	50	1	等腰三角形
2	50	50	2	等腰三角形
3	50	50	50	等边三角形
4	50	50	99	等腰三角形
5	50	50	100	非三角形
6	50	1	50	等腰三角形
7	50	2	50	等腰三角形
8	50	99	50	等腰三角形
9	50	100	50	非三角形
10	1	50	50	等腰三角形
11	2	50	50	等腰三角形
12	99	50	50	等腰三角形
13	100	50	50	非三角形

例 3-2　NextDate 函数

程序有三个输入变量 month、day、year(month、day 和 year 均为整数值，并且满足：$1 \leqslant$ month $\leqslant 12$、$1 \leqslant$ day $\leqslant 31$、$1900 \leqslant$ year $\leqslant 2050)$，分别作为输入日期的月份、日、年份，通过程序可以输出该输入日期在日历上的第二天的日期。例如，输入为 2005 年 11 月 29 日，则该程序的输出为 2005 年 11 月 30 日。请用健壮性测试法设计测试用例。

我们用健壮性测试法设计测试用例，具体步骤如下：

(1) 分析各变量的取值。健壮性测试时，各变量分别取：略低于最小值、最小值、略高于最小值、正常值、略低于最大值、最大值和略高于最大值。

month：-1，1，2，11，12，13；

day：-1，1，2，30，31，32

year：1899，1900，1901，1975，2049，2050，2051；

(2) 测试用例数。有 n 个变量的程序，其健壮性测试会产生 $6n+1$ 个测试用例。这里有 3 个变量，因此会产生 19 个测试用例。

(3) 设计测试用例。NextDate 函数的复杂性来源于两个方面：一是输入域的复杂性 (即输入变量之间逻辑关系的复杂性)，二是确定闰年的规则。但是在进行健壮性测试时，

NextDate 函数没有考虑输入变量之间的逻辑关系，也没有考虑和闰年相关的问题，因此在设计测试用例 (见表 3-4) 时存在遗漏问题，比如其没有判断闰年相关的日期：2008.2.29、1999.2.28 等。

表 3-4 NextDate 函数测试用例

测试用例	输入数据			预期输出
	month	day	year	
1	6	15	1899	year 超出 [1900，2050]
2	6	15	1900	1900-06-16
3	6	15	1901	1901-06-16
4	6	15	1975	1975-06-16
5	6	15	2049	2049-06-16
6	6	15	2050	2050-06-16
7	6	15	2051	year 超出 [1900，2050]
8	6	−1	1975	day 超出 [1，31]
9	6	1	1975	1975-06-02
10	6	2	1975	1975-06-03
11	6	30	1975	1975-07-01
12	6	31	1975	输入日期超界
13	6	32	1975	day 超出 [1，31]
14	−1	15	1975	Month 超出 [1，12]
15	1	15	1975	1975-01-16
16	2	15	1975	1975-02-16
17	11	15	1975	1975-11-16
18	12	15	1975	1975-12-16
19	13	15	1975	Month 超出 [1，12]

3.3 等价类测试

　　软件测试有一个致命的缺陷，即测试的不完全性和不彻底性。任何程序只能进行少量 (相对于穷举的巨大数量而言) 和有限的测试。在测试时，我们既要考虑测试的效果，又要考虑软件测试的经济性，为此我们引入等价类的思想。使用等价类划分的目的就是在有限的测试资源的情况下，用少量有代表性的数据得到比较好的测试效果。

　　等价类测试是指首先把所有可能的输入数据 (即程序的输入域) 划分成若干部分 (子集)，然后从每一个子集中选取少数具有代表性的数据作为测试用例。该方法是一种重要、常用的黑盒测试用例设计方法。

3.3.1　等价类划分

1. 等价类划分的相关概念

进行等价类测试时，要考虑的一个重要问题是对集合的划分。划分是指将集合分成互不相交的一组子集，这些子集的并是整个集合。划分可定义为：给定集合 B，以及 B 的一组子集 A_1, A_2, $\cdots$, A_n，这些子集是 B 的一个划分，当且仅当 $A_1 \cup A_2 \cup \cdots \cup A_n = B$，且 $i \neq j$ 时 $A_i \cap A_j = \varnothing$。

划分对于测试有非常重要的意义：

(1) 各个子集的并是整个集合，这提供了一种形式的完备性；

(2) 各个子集的交是空，这种互不相交保证了一种形式的无冗余性。因此采用划分可保证某种程度的完备性，并减少冗余。

等价类划分是指对输入定义域进行的一个划分，并且划分的各个子集是由等价关系决定的。这里的等价关系是指：在子集合中，各个输入数据对于揭露程序中的错误都是等效的。并合理地假定：测试某等价类的代表值就等于对这个类中其他值的测试。也就是说，如果等价类中的某个输入条件不能发现错误，那么用该等价类中的其他输入条件进行测试也不可能发现错误。

等价类划分有两种不同的情况：有效等价类和无效等价类。

(1) 有效等价类是指对于程序的规格说明来说，由合理、有意义的输入数据所构成的集合。利用有效等价类可检验程序是否实现了规格说明中所规定的功能和性能。

(2) 无效等价类与有效等价类的定义相反。无效等价类是指对程序的规格说明来说，由不合理或无意义的输入数据所构成的集合。对于具体的问题，无效等价类至少应有一个，也可能有多个。

在设计测试用例时，要同时考虑这两种等价类。因为用户在使用软件时，有意或无意输入一些非法的数据是常有的事情。软件不仅要能接收合理的数据，也要能经受意外的考验，这样的测试才能确保软件具有更高的可靠性。

2. 划分等价类的方法

等价类测试的思想就是把全部输入数据合理划分为若干等价类，在每一个等价类中取一个具有代表性的数据作为测试的输入条件，这样可以用少量的测试数据取得较好的测试效果。

在等价类测试中，划分等价类是非常关键的。如果等价类划分合理，可以大大减少测试用例，并能保证达到要求的测试覆盖率。那么如何划分等价类呢？一般来讲，划分等价类时，首先要分析程序所有可能的输入情况，然后按照下列规则对其进行划分。

(1) 按照区间划分。在规定了输入条件的取值范围或值的个数的情况下，可以确立一个有效等价类和两个无效等价类。

例如：程序的输入是学生成绩，其范围是 $0 \sim 100$，则输入条件的等价类如图 3-8 所示。

其有效等价类为：0≤成绩≤100；无效等价类为：成绩＜0；成绩＞100。

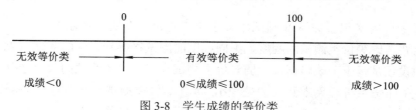

图 3-8 学生成绩的等价类

(2) 按照数值划分。在规定了输入数据的一组值 (假定 n 个)，并且程序要对每一个输入值分别处理的情况下，可确立 n 个有效等价类和 1 个无效等价类。

例如：程序输入 x 取值于一个固定的枚举类型 {1，2，4，12}，并且程序对这 4 个数值分别进行了处理，则有效等价类为 $x = 1$、$x = 2$、$x = 4$、$x = 12$，无效等价类为 1，2，4，12 以外的值构成的集合。

又如：教师上岗方案中规定对教授、副教授、讲师和助教分别处理，那么可以确定 4 个有效等价类：教授、副教授、讲师和助教；一个无效等价类，它是所有不符合以上职称的人员构成的集合。

(3) 按照数值集合划分。在输入条件规定了输入值的集合或者规定了"必须如何"的情况下，可确立一个有效等价类和一个无效等价类。

例如，某程序中有标识符，其输入条件规定"标识符应以字母开头……"，则可以这样划分等价类："以字母开头的标识符"作为有效等价类，"以非字母开头的标识符"作为无效等价类。

(4) 在输入条件是一个布尔量的情况下，可确定一个有效等价类和一个无效等价类。

例如：验证码在登录各种网站时经常被用到。验证码是一种布尔型取值，取 True 或者 False。据此，我们可划分出一个有效等价类和一个无效等价类。

(5) 进一步细分等价类。在确认已划分的等价类中的各元素在程序中的处理方式不同的情况下，则应将该等价类进一步划分为更小的等价类。

例如：程序用于判断几何图形的形状，则我们可以首先根据边数划分出三角形、四边形、五边形、六边形等。然后对于每一种类型，我们可以作进一步的划分，比如三角形可以进一步分为：等边三角形、等腰三角形、一般三角形。

(6) 等价类划分还应特别注意默认值、空值 (Null) 等的情形。

3. 等价类的特点

按等价类的划分规则，等价类具有下列特点：

(1) 完备性：划分出的各个等价类 (子集) 的并是输入 / 输出的全集，即程序的定义域 / 值域。

(2) 无冗余性：各个等价类是互不相交的一组子集。

(3) 等价性：划分的各个子集是由等价关系决定的，即各个输入数据对于揭露程序中的错误都是等效的。因此我们从等价类中选择一个具有代表性的数据进行测试，就可以达到测试目的。

3.3.2 等价类测试类型

等价类划分既实现了完备性测试，又避免了冗余。在实际使用等价类方法进行测试时，我们需要考虑等价类测试的程度，不同程度的测试将得到不同的测试效果。比如，基于单缺陷假设还是基于多缺陷假设，弱等价类测试与强等价类测试的效果之分；是否考虑无效等价类（即是否进行无效数据的处理），健壮等价类测试与一般等价类测试的效果之分。等价类测试分为四种形式：弱一般等价类、强一般等价类、弱健壮等价类和强健壮等价类。

为便于讨论，下面以一个具有两个变量 x_1 和 x_2 的函数 F 为测试数据，示意图如图 3-9 所示，输入的变量 x_1 和 x_2 的边界以及边界内的区间为

$$a \leqslant x_1 \leqslant d, \quad \text{区间为 } [a, b), \ [b, c), \ [c, d]$$
$$e \leqslant x_2 \leqslant g, \quad \text{区间为 } [e, f), \ [f, g]$$

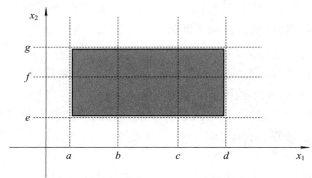

图 3-9 两个变量的边界及边界内区间划分

1. 弱一般等价类测试

弱一般等价类测试遵循单缺陷假设，要求选取的测试用例覆盖所有的有效等价类。两个变量函数的弱一般等价类测试用例如图 3-10 所示。

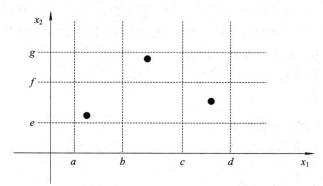

图 3-10 弱一般等价类测试用例

2. 强一般等价类测试

强一般等价类测试基于多缺陷假设，要求获得每个变量的有效等价类的笛卡儿积，设

计测试用例覆盖笛卡儿积的每个元素。两个变量的强一般等价类测试用例如图 3-11 所示。

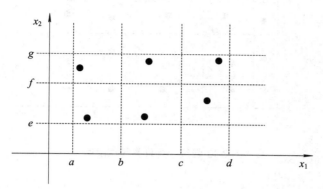

图 3-11　强一般等价类测试用例

3. 弱健壮等价类测试

这里的"弱"是指等价类测试基于单缺陷假设，而"健壮"是指考虑了无效值。采用弱健壮等价类测试时，对于有效输入，测试使用每个有效等价类的一个值；对于无效输入，测试用例中包括一个无效值，并使其余值保持为有效的。

进行弱健壮等价类测试，也就是将弱一般等价类中的五要素增加为七要素，补充输入域边界以外的值（略小于最小值 min-，略大于最大值 max+），涵盖了有效测试和无效测试。两个变量的弱健壮等价类测试用例如图 3-12 所示。

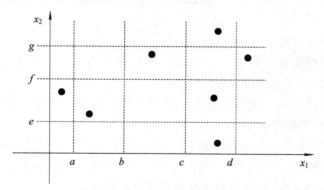

图 3-12　弱健壮等价类测试用例

4. 强健壮等价类测试

强健壮等价类测试基于多缺陷假设，并考虑无效的输入。设计测试用例时，需要从所有等价类的笛卡儿积的每一个元素中获得测试用例。两个变量的强健壮等价类测试用例如图 3-13 所示。

强健壮等价类测试存在两个问题：

(1) 需要花费精力定义无效测试用例的期望输出；

(2) 对强类型的语言没有必要考虑无效的输入。

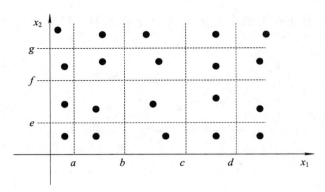

图 3-13 强健壮等价类测试用例

3.3.3 等价类测试用例设计

等价类测试用例设计的步骤如下:

(1) 划分等价类。首先根据输入条件或输出条件划分等价类。

(2) 建立等价类表。根据划分的等价类建立等价类表,如表 3-5 所示。

表 3-5 等 价 类 表

输　　入	有效等价类	无效等价类

(3) 选择测试用例。从等价类中选取具有代表性的数据,设计测试用例,一般遵循下列原则:

(a) 为每一个等价类规定一个唯一的编号;

(b) 设计一个测试用例,使其尽可能多地覆盖尚未覆盖的有效等价类。重复这一步,直到所有的有效等价类都被覆盖。

(c) 设计一个测试用例,使其仅覆盖一个尚未被覆盖的无效等价类。重复这一步,直到所有的无效等价类都被覆盖。

这里强调每次只覆盖一个无效等价类。这是因为一个测试用例中如果含有多个缺陷,有可能在测试中只发现其中的一个,另一些被忽视。上述步骤能够全面、系统地考虑黑盒测试的测试用例设计问题,但是没有考虑各变量之间的逻辑关系。

3.3.4 等价类测试指导方针

等价类测试的指导方针如下:

(1) 相对于等价类测试的弱形式,强形式测试得更全面。

(2) 如果实现语言是强类型的,则没有必要使用健壮形式的测试。

(3) 如果错误条件非常重要,则合适的做法是进行健壮形式的测试。

(4) 如果输入数据是离散值区间和集合定义,则合适的做法是进行等价类测试。当然也适用于如果变量值越界,系统就会出现故障的情况。

(5) 结合边界值测试,等价类测试的效果可加强。

(6) 如果程序函数很复杂，则等价类测试是被指示的。在这种情况下，函数的复杂性可以帮助标识有用的等价类。

(7) 强等价类测试假设变量是独立的，相应的测试用例相乘会引起冗余问题。如果变量存在依赖关系，则常常会生成错误测试用例。

(8) 在发现合适的等价关系之前，可能需要进行多次尝试。

例 3-3　排序问题

某程序的功能是输入一组整型数据 (数据个数不超过 100 个)，使用冒泡排序法使数据按从小到大的顺序排列。

下面用等价类方法设计测试用例，步骤如下：

(1) 划分等价类。根据程序的功能要求可以从下列几个方面划分等价类。

(a) 数据类型；

(b) 数据个数；

(c) 数据是否有序；

(d) 数据是否相同；

该排序问题的等价类划分如表 3-6 所示。

表 3-6　排序问题的等价类划分

有效等价类	编号	无效等价类	编号
整数	1	小数	2
		非数值类型的字符	3
1 个整数	4	0 个整数	5
100 以内的多个整数 (包括 100)	6	大于 100 的整数	7
多个 (100 个以内) 无序的整数	8		
多个 (100 个以内) 已按从小到大排好序的整数	9		
多个 (100 个以内) 已按从大到小排好序的整数	10		
多个 (100 个以内) 相同的数据	11		

(2) 设计测试用例。根据表 3-6 中的等价类划分来设计测试用例，如表 3-7 所示。

表 3-7　排序问题的测试用例

编号	输　入	预期输出	覆盖等价类
1	5	5	1, 4
2	0.5	提示：输入不符合要求	2
3	a, b	提示：输入不符合要求	3
4	空	提示：输入不符合要求	5
5	1, 4, 2, 8, 11, 6	1, 2, 4, 6, 8, 11	1, 6, 8
6	1, 2, …, 110(110 个数据)	提示：输入数据太多	1, 7
7	1, 2, 3, 4, 5, 6	1, 2, 3, 4, 5, 6	1, 6, 9
8	6, 5, 4, 3, 2, 1	1, 2, 3, 4, 5, 6	1, 6, 10
9	5, 5, 5, 5, 5	5, 5, 5, 5, 5	1, 6, 11

例 3-4   三角形问题

程序规定:"输入的三个正整数 a、b、c 分别作为三角形的三条边长。通过程序判定是否能构成三角形? 如果能构成三角形,进一步判断三角形的类型;当此三角形为一般三角形、等腰三角形及等边三角形时,分别作不同的操作……"。

下面用等价类划分方法为该程序进行测试用例设计。

(1) 首先根据题目中给出的条件和隐含的输入要求,归纳输入条件如下:

(a) 正整数;

(b) 三个数;

(c) 构成一般三角形;

(d) 构成等腰三角形;

(e) 构成等边三角形;

(f) 不能构成三角形。

(2) 根据输入条件的要求划分等价类,列出等价类并编号,如表 3-8 所示。

表 3-8   三角形问题的等价类

输入条件	有效等价类	编号	无效等价类		编号
三个正整数	正整数	1	一条边为非正整数	a 为非正整数	8
				b 为非正整数	9
				c 为非正整数	10
			两条边为非正整数	a、b 为非正整数	11
				a、c 为非正整数	12
				b、c 为非正整数	13
			三条边均为非正整数		14
	三个数	2	只输入一个数	只输入 a	15
				只输入 b	16
				只输入 c	17
			只输入两个数	只输入 a、b	18
				只输入 a、c	19
				只输入 b、c	20
			未输入数		21
构成一般三角形	$a+b>c$,且 $a \neq b \neq c$	3	$a+b<c$		22
			$a+b=c$		23
	$a+c>b$,且 $a \neq b \neq c$		$a+c<b$		24
			$a+c=b$		25
	$b+c>a$,且 $a \neq b \neq c$		$b+c<a$		26
			$b+c=a$		27

输入条件	有效等价类	编号	无效等价类	编号
构成等腰三角形	$a=b$，$a \neq c$，且两边之和大于第三边	4		
	$a=c$，$a \neq b$，且两边之和大于第三边	5		
	$b=c$，$a \neq b$，且两边之和大于第三边	6		
构成等边三角形	$a=b=c$	7		

注：划分等价类的方式并不唯一，可根据被测对象的具体情况划分等价类。

(3) 设计测试用例，覆盖上表中的等价类，如表 3-9 所示。

表 3-9　三角形问题的测试用例

测试用例编号	输入数据			预期输出	覆盖等价类
	a	b	c		
1	5	6	7	一般三角形	1，2，3
2	6	6	5	等腰三角形	4
3	6	5	6	等腰三角形	5
4	5	6	6	等腰三角形	6
5	6	6	6	等边三角形	7
6	−5	6	6	提示：输入不符合要求	8
7	6	0	6	提示：输入不符合要求	9
8	6	6	3.6	提示：输入不符合要求	10
9	0	−5	6	提示：输入不符合要求	11
10	5.6	6	−2	提示：输入不符合要求	12
11	6	0	3.5	提示：输入不符合要求	13
12	3.5	5.6	3.5	提示：输入不符合要求	14
13	6	—	—	提示：请输入数据	15
14	—	5		提示：请输入数据	16
15	—	—	5	提示：请输入数据	17
16	6	6	—	提示：请输入数据	18
17	6	—	4	提示：请输入数据	19

测试用例编号	输入数据			预期输出	覆盖等价类
	a	b	c		
18	—	5	6	提示：请输入数据	20
19	—	—	—	提示：请输入数据	21
20	5	6	15	不能构成三角形	22
21	6	7	13	不能构成三角形	23
22	4	10	5	不能构成三角形	24
23	6	10	4	不能构成三角形	25
24	15	6	5	不能构成三角形	26
25	15	8	7	不能构成三角形	27

3.4　基于判定表的测试和因果图测试

在一些数据处理问题中，某些操作是否实施依赖于多个逻辑条件的取值。可根据这些逻辑条件取值的组合所构成的多种情况，分别执行不同的操作。处理这类问题的一个非常有力的分析和表达工具是判定表，或称决策表 (Decision Table)。判定表能够将复杂的问题按照各种可能的情况全部列举出来，形式简明并避免遗漏。因此，利用判定表能够设计出完整的测试用例集合。在所有功能性测试方法中，基于判定表的测试方法（简称判定表法）是最严格的，判定表在逻辑上是严密的。

3.4.1　基于判定表的测试

1. 判定表的组成

判定表通常由四个部分组成，如表 3-10 所示。

表 3-10　判定表结构

桩	规则
条件桩	条件项
动作桩	动作项

(1) 条件桩 (Condition Stub)：列出了问题的所有条件。通常认为列出的条件的次序无关紧要。

(2) 动作桩 (Action Stub)：列出了问题规定的可能采取的操作。这些操作的排列顺序不受约束。

(3) 条件项 (Condition Entry)：列出针对所列条件的取值。

(4) 动作项 (Action Entry)：列出在条件项的各种取值情况下应该采取的动作。

动作项和条件项紧密相关，它指出了在条件项的各组取值情况下应采取的动作。任何一个条件组合的特定取值及其相应要执行的操作称为规则。在判定表中对应条件项和动作项的一列就是一条规则。规则指示了在各条件项指示的条件下要采取的动作项中的行为。显然，判定表中列出多少组条件取值，也就有多少条规则。

下面通过一个例子来说明判定表各部分的含义。

在表 3-11 给出的判定表中，规则 1 表示：如果条件 1、条件 2、条件 3 分别为真，则采取动作 1 和动作 2。规则 2 表示：如果条件 1 和条件 2 为真，条件 3 为假，则采取动作 3。我们注意到在表 3-11 的规则 5 中，条件 3 用"—"表示，意思是条件 3 为不关心条目。不关心条目有两种主要解释：条件无关或条件不适用。规则 5 表示：条件 1 为假、条件 2 为真时，则采取动作 2，而不管条件 3 为真还是为假，条件 3 都不适用。

表 3-11　判定表实例

桩	规则 1	规则 2	规则 3	规则 4	规则 5	规则 6	规则 7
条件 1	T	T	T	T	F	F	F
条件 2	T	T	F	F	T	F	F
条件 3	T	F	T	F	—	T	F
动作 1	✓		✓	✓			
动作 2	✓				✓	✓	
动作 3		✓		✓		✓	
动作 4							✓

在实际使用判定表时，通常要将其化简。化简工作的目标是合并相似规则。若表中有两条或多条规则具有相同的动作，并且其条件项之间存在极为相似的关系，我们便可设法将其合并。例如，在图 3-14(a) 中，左端的两规则的动作项一致，条件项中前两条件取值一致，只是第三条件取值不同。这一情况表明，在第一、二条件分别取真值和假值时，无论第三条件取何值，都要执行同一操作。也就是说，要执行的动作与第三条件项的取值无关。于是，我们便将这两个规则合并。合并后的第三条件项用特定的符号"—"表示，含义是与取值无关。

与此类似，无关条件项"—"在逻辑上还可包含其他的条件项取值，还可进一步合并具有相同动作的规则，如图 3-14(b) 所示。

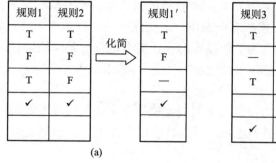

(a)

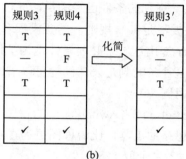

(b)

图 3-14　规则合并

2. 判定表的建立步骤

使用判定表设计测试用例时，我们把条件解释为程序的输入，把动作解释为输出。在测试时，有时引用的条件为输入的等价类，引用的动作为被测程序的主要功能，这时规则就解释为测试用例。判定表的特点可以保证我们取到输入条件的所有可能的组合值，因此可以得到测试用例的完整集合。

使用判定表进行测试时，首先需要根据软件规则说明建立判定表。判定表的设计步骤如下：

(1) 确定规则的个数。假如有 n 个条件，每个条件有两个取值（"真""假"），则会产生 2^n 条规则。如果每个条件的取值有多个，规则数等于各条件取值个数的积。

(2) 列出所有的条件桩和动作桩。在测试中，条件桩一般对应的是程序输入的各个条件项，而动作桩一般对应的是程序的输出结果或要采取的操作。

(3) 填入条件项。条件项就是每条规则中各个条件的取值。为了保证条件项取值的完备性和正确性，我们可以利用集合的笛卡儿积来计算。首先找出各条件项取值的集合，然后对各集合作笛卡儿积，最后将得到的集合中的每一个元素填入规则的条件项中。

(4) 填入动作项，得到初始判定表。在填入动作项时，必须根据程序的功能说明来填写。根据每条规则中各条件项的取值来获得程序的输出结果或应该采取的行动，并在对应的动作项中标记。

(5) 简化判定表，合并相似规则（相同动作）。若表中有两条以上规则具有相同的动作，并且条件项之间存在极为相似的关系，便可以合并。合并后的条件项用符号"—"表示，说明执行的动作与该条件的取值无关，该条件项称为无关条件。

3. 基于判定表测试的条件

基于判定表的测试能把复杂的问题按各种可能的情况一一列举出来，简明而易于理解，也可避免遗漏。但是，判定表不能表达重复执行的动作，例如循环结构。

与其他测试技术一样，基于判定表的测试对于某些应用程序很有效，对于另外一些应用程序却不适用。B. Beizer 指出了使用判定表设计测试用例时需要满足的条件：

(1) 规格说明以判定表的形式给出，或很容易转换成判定表。

(2) 条件的排列顺序不会影响执行哪些操作。

(3) 规则的排列顺序不会影响执行哪些操作。

(4) 当某一规则的条件已经满足，并可确定要执行的操作后，不必检验别的规则。

(5) 如果要满足某一规则，需要执行多个操作，这些操作的执行顺序无关紧要。

B. Beizer 提出这 5 个必要条件是为了使操作的执行完全依赖于条件的组合。其实对于某些不满足这几条的判定表，同样可以借助这种方法设计测试用例，只不过，这里需增加其他的测试用例。

对于有 if else 或者 switch case 的程序，使用判定表设计测试用例非常有效。它更多的是一种理清思路的工具，比流程图更为直观，可以写出符合需求说明的测试用例。

例 3-5   考生录取

某程序规定："对总成绩大于 450 分，且各科成绩均高于 85 分的学生或者优秀毕业生，应优先录取，其余情况作其他处理"。请建立判定表。

下面根据判定表的建立步骤来为本例建立判定表。

(1) 列出所有的条件桩和动作桩。根据问题描述的输入条件和输出结果，列出所有的条件桩和动作桩。其中条件桩有三项：

(a) 总成绩大于 450 分吗？

(b) 各科成绩均高于 85 分吗？

(c) 优秀毕业生吗？

而动作桩有两项：

(a) 优先录取；

(b) 作其他处理；

(2) 确定规则的个数。本例中可输入三个条件，每个条件的取值为"是"或"否"，因此有 2*2*2 = 8 种规则。

(3) 填入条件项。在填写条件项时，可以对各个条件取值的集合作笛卡儿积，得到每一列条件项的取值。本例就是计算 {Y，N} × {Y，N} × {Y，N} = {<Y，Y，Y>，<Y，Y，N>，<Y，N，Y>，<Y，N，N>，<N，Y，Y>，<N，Y，N>，<N，N，Y>，<N，N，N>}，然后将所得集合中的每一个元素的值填入每一列条件项中，如表 3-12 所示。

(4) 填入动作桩和动作项。根据每一列中各条件的取值得到要采取的动作，填入动作项，便得到初始判定表，如表 3-12 所示。

表 3-12 判 定 表

桩		1	2	3	4	5	6	7	8
条件	总成绩大于 450 分吗？	Y	Y	Y	Y	N	N	N	N
	各科成绩均高于 85 分吗？	Y	Y	N	N	Y	Y	N	N
	优秀毕业生吗？	Y	N	Y	N	Y	N	Y	N
动作	优先录取	✓	✓	✓					
	作其他处理				✓	✓	✓	✓	✓

(5) 化简。从表 3-12 中，可以很直观地看出规则 1 和规则 2 的动作项相同，第一个条件项和第二个条件项的取值相同，只有第三个条件项的取值不同，满足合并的原则。合并时，第三个条件项成为无关条目，用"—"表示。同理，规则 5 和规则 6 可以合并，规则 7 和规则 8 可以合并。通过合并相似规则后得到简化的判定表，如表 3-13 所示。

表 3-13 简化后的判定表

桩		1	2	3	4	5
条件	总成绩大于 450 分吗？	Y	Y	Y	N	N
	各科成绩均高于 85 分吗？	Y	N	N	Y	N
	优秀毕业生吗？	—	Y	N	—	—
动作	优先录取	✓	✓			
	作其他处理			✓	✓	✓

从表 3-13 可以看出规则 4 和规则 5 还可以进一步合并，合并后的判定表如 3-14 所示。

表 3-14　进一步简化后的判定表

桩		1	2	3	4
条件	总成绩大于 450 分吗？	Y	Y	Y	N
	各科成绩均高于 85 分吗？	Y	N	N	—
	优秀毕业生吗？	—	Y	N	—
动作	优先录取	✓	✓		
	作其他处理			✓	✓

例 3-6　隔一日问题

程序有三个输入变量 month、day、year(month、day 和 year 均为整数，并且满足：1≤month≤12 和 1≤day≤31)，分别作为输入日期的月份、日、年份，通过程序可以输出该输入日期在日历上隔一天的日期。例如，输入为 2005 年 11 月 29 日，则该程序的输出为 2005 年 12 月 1 日。请用基于判定表的测试法进行测试。

问题分析：年、月、日三个变量的输入定义域之间存在一定的逻辑依赖关系，由于等价类划分和边界值分析测试都假设各变量是独立的，如果采用上述两种方法设计测试用例，那么这种依赖关系在机械地选取输入值时可能会丢失。而采用判定表法则可以通过使用"不可能"的概念表示条件的不可能组合，来强调这种依赖关系。

根据题目的要求，下面使用判定表法进行测试。

(1) 分析各种输入情况，列出对输入变量 month、day、year 进行划分的有效等价类。

month 变量的有效等价类：

M1 = {month = 4，6，9，11}

M2 = {month = 1，3，5，7，8，10}

M3 = {month = 12}

M4 = {month = 2}

day 变量的有效等价类：

D1 = {1≤day≤26}

D2 = {day = 27}

D3 = {day = 28}

D4 = {day = 29}

D5 = {day = 30}

D6 = {day = 31}

year 变量的有效等价类：

Y1 = {year 是闰年 }

Y2 = {year 不是闰年 }

(2) 分析程序的规格说明，结合以上等价类划分的情况，给出可能采取的操作 (即列出所有的动作桩)。考虑各种有效的输入情况，程序中可能采取的操作有以下 7 种：

a1：day + 2

a2：day = 1

a3：day = 2

a4：month + 1

a5：month = 1

a6：year + 1

a7：不可能

(3) 根据步骤 (1) 和 (2)，画出判定表，然后对判定表进行化简。简化后的判定表，如表 3-15 所示。

表 3-15　隔一日问题的判定表

	桩	1	2	3	4	5	6	7	8	9	10	11	12	13	14	15	16	17	18
条件	月份属于	M1	M1	M1	M1	M2	M2	M2	M3	M3	M4	M4	M4	M4	M4	M4	M4	M4	M4
	日期属于	D1,D2,D3	D4	D5	D6	D1,D2,D3,D4	D5	D6	D1,D2,D3,D4	D5	D6	D1	D2	D2	D3	D3	D4	D4	D5,D6
	年属于	—	—	—	—	—	—	—	—	—	—	—	Y1	Y2	Y1	Y2	Y1	Y2	—
动作	a1：day + 2	✓				✓			✓			✓	✓						
	a2：day = 1		✓				✓			✓				✓	✓				
	a3：day = 2			✓				✓			✓					✓	✓		
	a4：month + 1		✓	✓			✓	✓						✓	✓	✓	✓		
	a5：month = 1									✓	✓								
	a6：year + 1									✓	✓								
	a7：不可能				✓													✓	✓

(4) 设计测试用例。为判定表中的每一列设计一个测试用例，见表 3-16。

表 3-16　隔一日问题测试用例

测试用例编号	输 入 数 据			预期结果	覆盖的规则
	月份	日期	年		
1	4	27	2005	2005 年 4 月 29 日	1
2	4	29	2005	2005 年 5 月 1 日	2
3	6	30	2000	2000 年 7 月 2 日	3
4	6	31	2000	提示：用户输入错误	4
5	3	29	2005	2005 年 3 月 31 日	5
6	5	30	2005	2005 年 6 月 1 日	6
7	5	31	2005	2005 年 6 月 1 日	7
8	12	20	2005	2005 年 12 月 22 日	8
9	12	30	2000	2001 年 1 月 1 日	9

续表

测试用例编号	输入数据			预期结果	覆盖的规则
	月份	日期	年		
10	12	31	2000	2001 年 1 月 2 日	10
11	2	26	2000	2000 年 2 月 28 日	11
12	2	27	2000	2000 年 2 月 29 日	12
13	2	27	2005	2005 年 3 月 1 日	13
14	2	28	2000	2000 年 3 月 1 日	14
15	2	28	2005	2005 年 3 月 2 日	15
16	2	29	2000	2000 年 3 月 2 日	16
17	2	29	2005	提示：用户输入错误	17
18	2	31	2000	提示：用户输入错误	18

3.4.2　因果图测试

前面介绍的等价类划分法和边界值分析方法都是着重于考虑输入条件，但没有考虑输入条件的各种组合和输入条件之间的相互制约关系。这样一来，虽然各种输入条件单独出错的情况已经被测试到了，但多个输入条件组合起来可能出错的情况却被忽视了。如果考虑输入条件之间的相互组合，可能会产生一些新的情况。但要检查输入条件的组合不是一件容易的事情，即使把所有输入条件划分成等价类，它们之间的组合情况也相当多。因此必须考虑采用一种适合描述多种条件的组合，借助其产生的多个相应动作的形式来考虑测试用例设计是否合理，这就需要利用因果图（逻辑模型）方法。因果图方法最终生成的就是判定表，它适合用于检查程序输入条件的各种组合情况。

1. 因果图的概念

20 世纪 70 年代，IBM 公司进行了一项工作，把自然语言书写的需求转换成一个形式说明，形式说明可以用来产生功能测试的测试实例。这个转换过程需要检查需求的语义，用输入和输出之间或输入和转换之间的逻辑关系来重新表述它们。输入称为原因，输出和转换称为结果。通过分析得到一张反映这些关系的图，称为因果图 (Cause-and-Effect Graph)。

因果图中使用了简单的逻辑符号，以直线连接左右节点。左节点表示输入状态（或称原因），右节点表示输出状态（或称结果）。通常用 c_i 表示原因，一般置于图的左边；e_i 表示结果，通常在图的右边。c_i 和 e_i 均可取 "0" 或 "1"，其中 "0" 表示某状态不出现，"1" 表示某状态出现。

因果图中包含四种关系：

(1) 恒等：若 c_1 是 1，则 e_1 也是 1；若 c_1 是 0，则 e_1 为 0。

(2) 非：若 c_1 是 1，则 e_1 是 0；若 c_1 是 0，则 e_1 是 1。

(3) 或：若 c_1 或 c_2 或 c_3 是 1，则 e_1 是 1；否则（即 c_1、c_2 和 c_3 均为 0），e_1 为 0。"或"

可以有任意多个输入。

(4) 与：若 c_1 和 c_2 都是 1，则 e_1 为 1；否则 e_1 为 0。"与"也可以有任意多个输入。

因果图的四种关系如图 3-15 所示。

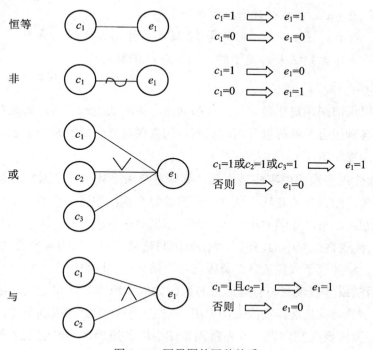

图 3-15　因果图的四种关系

在实际问题中，输入状态之间、输出状态之间可能存在某些依赖关系，称为"约束"。为了表示原因与原因之间、结果与结果之间可能存在的约束条件，在因果图中可以附加一些表示约束条件的符号。对于输入条件的约束有 E、I、O、R 四种约束，对于输出条件的约束只有 M 约束一种。输入输出约束图形符号如图 3-16 所示。

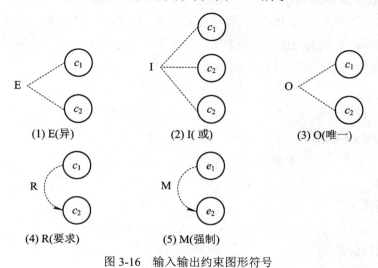

图 3-16　输入输出约束图形符号

为便于理解，这里假设 c_1、c_2 和 c_3 表示不同的输入条件。

E(异)：表示 c_1、c_2 中至多有一个可能为 1，即 c_1 和 c_2 不能同时为 1。

I(或)：表示 c_1、c_2、c_3 中至少有一个是 1，即 c_1、c_2、c_3 不能同时为 0。

O(唯一)：表示 c_1、c_2 中必须有且仅有一个为 1。

R(要求)：表示 c_1 是 1 时，c_2 必须是 1，即不可能 c_1 是 1 时 c_2 是 0。

M(强制)：表示如果结果 e_1 是 1 时，则结果 e_2 强制为 0。

2. 因果图测试法

因果图可以很清晰地描述各输入条件和输出结果间的逻辑关系。如果在测试时必须考虑输入条件的各种组合，就可以利用因果图。因果图最终生成的是判定表。采用因果图设计测试用例的步骤如下：

(1) 分析软件规格说明中哪些是原因，哪些是结果。其中，原因常常是输入条件或输入条件的等价类，结果常常是输出条件。一般给每个原因和结果赋予一个标识符，并且把原因和结果分别画出来，原因放在左边一列，结果放在右边一列。

(2) 分析软件规格说明中的语义，找出原因与结果之间、原因与原因之间对应的关系。根据这些关系，将其表示成连接各个原因与各个结果的"因果图"。

(3) 由于语法或环境限制，有些原因与原因之间、原因与结果之间的组合情况不可能出现。为表明这些特殊情况，在因果图上用一些记号标明约束或限制条件。

(4) 把因果图转换成判定表。首先将因果图中的各原因作为判定表的条件项，因果图中的各结果作为判定表的动作项；然后给每个原因分别取"真"和"假"两种状态，一般用"1"和"0"表示；最后根据各条件项的取值和因果图中表示的原因和结果之间的逻辑关系，确定相应的动作项的值，完成判定表的填写。

(5) 把判定表的每一列拿出来作为规则，设计测试用例。

例 3-7　软件规格说明书

第一列字符必须是 A 或 B，第二列字符必须是一个数字，在此情况下进行文件的修改。但如果第一列字符不正确，则给出信息 L；如果第二列字符不是数字，则给出信息 M。

(1) 根据软件规格说明书分析原因和结果。

(a) 原因。

1——第一列字符是 A

2——第一列字符是 B

3——第二列字符是一个数字

(b) 结果。

21——修改文件

22——给出信息 L

23——给出信息 M

(2) 绘制因果图。

(a) 根据原因和结果绘制因果图。把原因和结果用前面的逻辑符号连接起来,画出因果图,如图 3-17 所示。

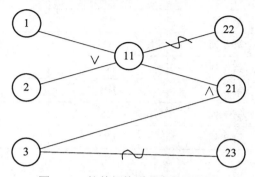

图 3-17 软件规格说明书的因果图

注:11 是中间节点。

(b) 考虑到原因 1 和原因 2 不可能同时为 1,因此在因果图上施加 E 约束。具有约束的因果图如图 3-18 所示。

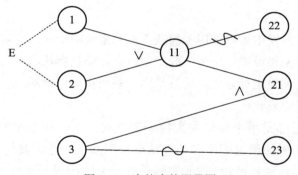

图 3-18 有约束的因果图

(c) 根据因果图建立判定表,如表 3-17 所示。

表 3-17 软件规格说明书的判定表

	桩	1	2	3	4	5	6	7	8
条件	1	1	1	1	1	0	0	0	0
	2	1	1	0	0	1	1	0	0
	3	1	0	1	0	1	0	1	0
	11	—	—	1	1	1	1	0	0
动作	22			0	0	0	0	1	1
	21			1	0	1	0	0	0
	23			0	1	0	1	0	1

注意,表中 8 种情况的前两种情况 (左面两列) 中,原因 1 和原因 2 同时为 1,这是

不可能出现的，故应排除这两种情况。针对第 3~8 列设计测试用例如表 3-18 所示。

表 3-18　软件规格说明书的测试用例

测试用例编号	条件组合	输入数据	预期结果（输出动作）
1	第 3 列	A3	修改文件
2	第 4 列	A*	信息 M
3	第 5 列	B8	修改文件
4	第 6 列	BN	信息 M
5	第 7 列	X6	信息 L
6	第 8 列	CC	信息 L，M

3.5　场　景　测　试

1. 场景定义

场景技术在软件开发中可以被用于捕获需求和系统的功能，是软件体系结构建模的主要依据，并可以被用来指导测试用例生成。本质上，场景指从用户的角度描述系统的运行行为，反映了系统的期望运行方式。场景是由一系列相关的活动组成的，场景中的活动也可以由一系列的场景构成。

现在的软件几乎都是用事件触发来控制流程的，事件触发时的情景便形成了场景，而对于同一事件，不同的触发顺序和处理结果就形成事件流。我们可以利用场景法清晰地描述这一系列的事件触发过程。这种在软件设计方面的思想也可以被引入软件测试中，其可以比较生动地描绘出事件触发时的情景，有利于测试设计者设计测试用例，同时使测试用例更容易理解和执行。运用场景来对系统的功能点或业务流程进行描述，可提高测试效果。

场景法一般用到基本流和备选流，从一个流程开始，经过遍历所有的基本流和备选流来完成整个场景。

对于基本流和备选流的理解，可以参考图 3-19。图中用例经过的每条路径都反映了基本流和备选流，过程可用箭头来表示。中间的直线表示基本流，是用例经过的最简单路径。备选流用曲线表示，一个备选流可能从基本流开始，在某个特定条件下执行，然后重新加入基本流中；一个备选流也可能起源于另一个备选流，或者成为结束用例而不再重新加入某个流。

根据图中每条用例经过的可能路径，可以确定不同

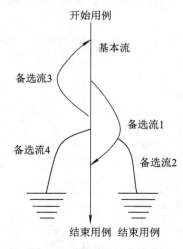

图 3-19　基本流和备选流

的用例场景。从基本流开始，然后将基本流和备选流结合起来，可以确定以下用例场景：

场景 1：基本流

场景 2：基本流　　备选流 1

场景 3：基本流　　备选流 1　　备选流 2

场景 4：基本流　　备选流 3

场景 5：基本流　　备选流 3　　备选流 1

场景 6：基本流　　备选流 3　　备选流 1　　备选流 2

场景 7：基本流　　备选流 4

场景 8：基本流　　备选流 3　　备选流 4

注：为方便起见，场景 5、6 和 8 只描述了备选流 3 指示的循环执行一次的情况。

2. 场景测试步骤

使用场景法设计测试用例的基本步骤如下：

(1) 根据说明，描述出程序的基本流及各项备选流；

(2) 根据基本流和各项备选流生成不同的场景；

(3) 对每一个场景生成相应的测试用例；

(4) 对生成的所有测试用例重新检查，去掉多余的测试用例，最终的测试用例确定后，对每一个测试用例确定测试数据值。

例 3-8　网站购物

在某购物网站订购的一般过程为：进入购物网站浏览商品，当看中心仪的商品后，点击立即购买，这时网站弹出登录界面，用户登录自己已注册好的账户，确认收货地址和订单信息，然后通过网上银行支付货款，生成订单。

(1) 业务流分析。

基本流：浏览商品、点击立即购买、登录账户、确认收货地址、确认订单信息、支付货款、生成订单。

备选流 1：用户密码错误；

备选流 2：注册账户；

备选流 3：新增或修改收货地址；

备选流 4：修改订单信息；

备选流 5：网银支付密码错误；

备选流 6：余额不足；

备选流 7：退出系统；

以上只列出了最常见的备选流，在用户购物过程中，还会有很多特殊的情况，在此未完全列出。

(2) 场景设计。根据上面列出的基本流和备选流，可以构建出无数的网站购物场景。下面列出部分典型的场景，如表 3-19 所示。

表 3-19 网站购物场景

场 景	业 务 流
场景 1：购物成功	基本流
场景 2：用户登录密码错误	基本流 + 备选流 1
场景 3：注册新用户	基本流 + 备选流 2
场景 4：新增收货地址	基本流 + 备选流 3
场景 5：修改订单	基本流 + 备选流 4
场景 6：网银支付密码错误	基本流 + 备选流 5
场景 7：余额不足	基本流 + 备选流 6
场景 8：选择商品后退出系统	基本流 + 备选流 7
场景 9：购物成功	基本流 + 备选流 3+ 备选流 4

(3) 测试用例设计。对于每一个场景，需要设计测试数据，使系统按场景中的流程执行。针对表 3-19 中设计的场景，进行测试用例设计，如表 3-20 所示。

表 3-20 网站购物测试用例

项目名称	网站购物测试		项目编号	Shopping_Test			
模块名称	网站购物		开发人员	XXX			
测试类型	功能测试		参考信息	需求规格说明书、设计说明书			
优先级	高		用例作者	XXXX	设计日期		XXXX
测试方法	黑盒测试（手工测试）		测试人员	XXXX	测试日期		XXXX
测试对象	网站购物业务功能的测试						
前置条件	用户账户：wangmin，登录密码：126543lan， 网银账号：622848**************，支付密码：462015，账户余额：300 元						

用例编号	场景	操作描述	输入数据	期望结果	实际结果
Shopping_ Test_1	场景 1	1. 浏览商品并确定要购买的商品； 2. 点击"立即购买"按钮； 3. 输入账户和登录密码； 4. 确认收货地址； 5. 确认订单信息； 6. 支付货款； 7. 生成订单	用户账户：wangmin 密码：126543lan 网银账号：622848************** 密码：462015 商品价格：80 元 商品数量：1	购物成功	
Shopping_ Test_2	场景 2	1. 浏览商品并确定要购买的商品； 2. 点击"立即购买"按钮； 3. 输入账户和登录密码	用户账户：wangmin 密码：126543	提示密码错误	

Shopping_Test_3	场景 3	1. 浏览商品并确定要购买的商品； 2. 点击"立即购买"按钮； 3. 注册新用户	用户帐户：wangyu 密码：yu123456	用户 注册 成功	
Shopping_Test_4	场景 4	1. 浏览商品并确定要购买的商品； 2. 点击"立即购买"按钮； 3. 输入账户和登录密码； 4. 新增收货地址，输入新的地址； 5. 确认收货地址； 6. 确认订单信息； 7. 支付货款； 8. 生成订单	用户账户：wangmin 密码：126543lan 新地址：四川省 ** 市花园小区 网银账号：622848************ 密码：462015 商品价格：60 元 商品数量：1	购物 成功	
Shopping_Test_5	场景 5	1. 浏览商品并确定要购买的商品； 2. 点击"立即购买"按钮； 3. 输入账户和登录密码； 4. 确认收货地址； 5. 修改订单信息 (修改购买商品的数量)，然后确认订单信息； 6. 支付货款； 7. 生成订单	用户账户：wangmin 密码：126543lan 网银账号：622848************ 密码：462015 商品价格：60 元 商品数量：4	购物 成功	
Shopping_Test_6	场景 6	1. 浏览商品并确定要购买的商品； 2. 点击"立即购买"按钮； 3. 输入账户和登录密码； 4. 确认收货地址； 5. 确认订单信息； 6. 支付货款，但支付密码错误	用户账户：wangmin 密码：126543lan 网银账号：622848************ 密码：111111 商品价格：60 元 商品数量：1	提示 密码 错误	
Shopping_Test_7	场景 7	1. 浏览商品并确定要购买的商品； 2. 点击"立即购买"按钮； 3. 输入账户和密码； 4. 确认收货地址； 5. 确认订单信息； 6. 支付货款	用户账户：wangmin 密码：126543lan 网银账号：622848************ 密码：462015 商品价格：360 元 商品数量：1	提示 余额 不足	
Shopping_Test_8	场景 8	1. 浏览商品并确定要购买的商品； 2. 点击"加入购物车"； 3. 退出本网站		商品 加入 购物车	
Shopping_Test_9	场景 9	1. 浏览商品并确定要购买的商品； 2. 点击"立即购买"按钮； 3. 输入账户和密码； 4. 新增收货地址，然后确认收货地址； 5. 修改订单信息 (修改购买商品的数量)，然后确认订单信息； 6. 支付货款； 7. 生成订单	用户账户：wangmin 密码：126543lan 新地址：四川省 ** 市花园小区 网银账号：622848************ 密码：462015 商品价格：40 元 商品数量：6	购物 成功	

案例3-1　个税计算器

个人所得税是一种针对个人取得的所得进行征税的税收制度。2018 年 6 月 19 日，十三届全国人大常委会第三次会议召开，个人所得税免征额拟调至 5000 元。个税计算器界面如图 3-20 所示。网站地址：http://www.geshuibao.com/。请用黑盒测试方法设计测试用例。

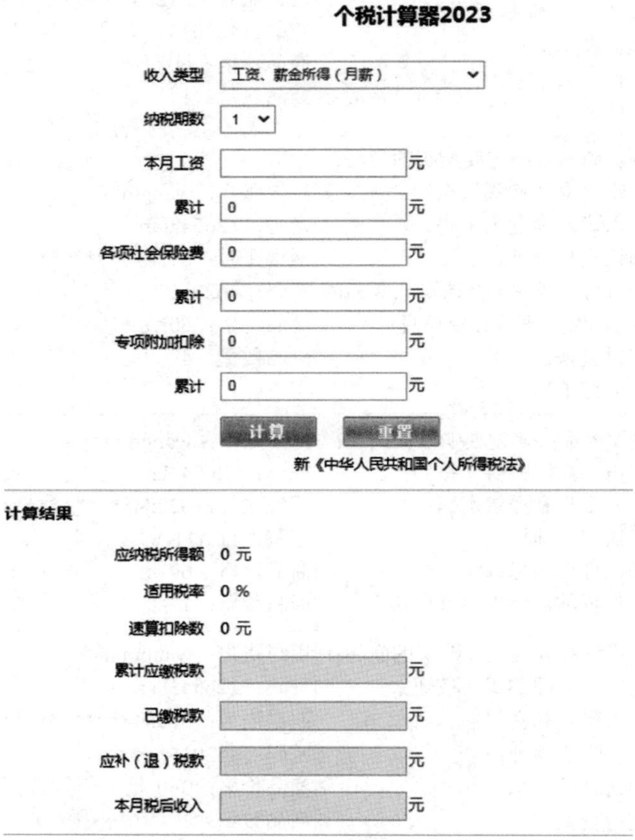

图 3-20　个税计算器

案例问题：

(1) 根据功能和软件界面，可以采用哪些测试方法来设计测试用例？

(2) 比较这些测试方法在本例中的效果。

(3) 如何兼顾测试用例的完备性和冗余性？

案例3-2　微信发红包

微信红包是微信于 2014 年 1 月 27 日推出的一款应用，功能上可以实现发红包、查收发记录和提现。微信派发红包的形式共有两种，第一种是普通等额红包，一对一或者一对多发送；第二种更有新意，被称作拼手气红包，用户设定好总金额以及红包个数之后，可以生成不同金额的红包。用户可以向好友派发红包，也可以在微信群里发红包。

小组活动：

(1) 模拟微信发红包、收红包活动，建立活动模型。

(2) 梳理微信发红包和收红包的互动过程中可能出现的各种场景。

案例问题：

(1) 本例中可选用哪些黑盒测试方法测试微信发红包功能？

(2) 如何测试微信发红包和收红包过程中的各种场景？

本 章 小 结

黑盒测试是指通过程序的输入和输出来检测每个功能是否能正常使用。从理论上讲，黑盒测试只有采用穷举法输入测试，把所有可能的输入都作为测试情况考虑，才能查出程序中所有的错误。实际上测试情况有无穷多个，不仅要测试所有有效 (合法) 的输入，而且还要对所有可能发生的无效 (不合法) 输入进行测试，因此完全测试是不可能的。我们应该进行有针对性的测试，即通过制订测试方案和测试用例指导测试的实施，保证软件测试有组织、按步骤、有计划地进行。

本章介绍了黑盒测试的方法，特别对边界值测试、等价类测试、基于判定表的测试、因果图测试、场景测试进行了详细介绍，并通过实例展示了使用各种黑盒测试方法设计测试用例的过程。

边界值分析法是指通过选择输入或输出的边界来设计测试用例。边界值分析法不仅重视输入条件边界，而且有时还必须考虑输出域边界。

等价类划分的办法是指把程序的输入域划分成若干部分，然后从每个部分中选取少数代表性数据作为测试用例。每一类的少数代表性数据在测试中的作用等价于这一类中的其他值。

因果图法是指从用自然语言书写的程序规格说明中找出因 (输入条件) 和果 (输出或程序状态的改变) 之间的关系，绘制出因果图，然后将因果图转换为判定表。

场景测试法是指运用场景来对系统的功能或业务流程进行描述，通过基本流和业务流来描述经过的路径。

进行黑盒测试时需要根据被测试对象选择合适的测试方法。Myers 提出了使用各种测试方法的综合策略：

(1) 在任何情况下都必须使用边界值分析方法。经验表明：这种方法设计出的测试用例发现程序错误的能力最强。

(2) 必要时用等价类划分方法补充一些测试用例。

（3）用错误推测法（基于经验和直觉推测的方法）再追加一些测试用例。

（4）对照程序逻辑，检查已设计出的测试用例的逻辑覆盖程度。如果没有达到要求的覆盖标准，应当再补充足够的测试用例。

（5）如果程序的功能说明中含有输入条件的组合情况，则一开始就可选用因果图法。

练 习 题 3

1. 如何结合使用等价类划分技术和边界值分析技术设计测试用例？

2. 有一个小程序，能够求出三个在 0 到 9999 间整数中的最大者，请分别用边界值分析和健壮性测试方法设计测试用例。

3. 为什么要进行等价类划分？等价类划分应该遵循哪些条件？

4. 针对以下问题：某一种 8 位计算机，其 16 进制常数的定义是以 0x 或 0X 开头的 16 进制整数，其取值范围为 −7f～7f（不区分大小写字母），如 0x11、0x2A、−0x3c。请采用等价类划分的方法设计测试用例。

5. 假定一台 ATM 机允许提取增量为 50 元，总金额从 100 到 2000（包含 2000 元）不等的现金。请结合等价类划分方法和边界值分析进行测试。

6. 有一个小学生成绩管理系统，要求把成绩好的同学放到前面，其中每个人都有三门课程：语文、数学和英语。首先是按个人的总成绩进行排名，如果某两个人的总分相同，则按他们的语文成绩进行排名；如果总成绩和语文成绩都相同，则按照他们的数学成绩进行排名。请用等价类划分方法进行测试。

7. 程序有 3 个输入变量 month、day、year(month、day 和 year 均为整数值，并且满足：1≤month≤12，1≤day≤31，1900≤year≤2050)，将其分别作为输入日期的月份、日、年份，通过程序可以输出该输入日期在日历上隔一天（第三天）的日期。例如，输入为 2005年 11 月 29 日，则该程序的输出为 2005 年 12 月 1 日。请用等价类划分法和边界值分析法设计测试用例。

8. 某软件的一个模块的需求规格说明书中描述：

(1) 年薪制员工：严重过失，扣年终风险金的 4%；过失，扣年终风险金的 2%。

(2) 非年薪制员工：严重过失，扣当月薪资的 8%；过失，扣当月薪资的 4%。

请绘制出判定表，并设计相应的测试用例。

9. 某公司折扣政策：年交易额在 10 万元以下的，无折扣；在 10 万元以上并且近三个月无欠款的，折扣率 10%；在 10 万元以上，虽然近三个月有欠款，但是与公司交易在 10 年以上的，折扣率 8%；在 10 万元以上，近三个月有欠款，且交易在 10 年以下的折扣率 5%。请用判定表来描述该公司的折扣政策。

10. 请讨论基于判定表的测试能够在多大程度上处理多缺陷假设问题。

11. 请使用因果图法为三角形问题设计测试用例。

12. 分析中国象棋中走马的实际情况（下面未注明的均指的是对马的说明）

(1) 如果落点在棋盘外，则不移动棋子；

(2) 如果落点与起点不构成日字型，则不移动棋子；

(3) 如果落点处有己方棋子，则不移动棋子；

(4) 如果在落点方向的邻近交叉点有棋子 (绊马腿)，则不移动棋子；

(5) 如果不属于 1～4 条，且落点处无棋子，则移动棋子；

(6) 如果不属于 1～4 条，且落点处为对方棋子 (非将)，则移动棋子并除去对方棋子；

(7) 如果不属于 1～4 条，且落点处为对方将，则移动棋子，并提示战胜对方，游戏结束。

13. 假设商店货品价格 (R) 都不大于 100 元 (且为整数)，若顾客付款 (P) 在 100 元内，现有一个程序能在每位顾客付款后给出找零钱的最佳组合 (找给顾客的货币张数最少)。假定此商店的货币面值只包括：50 元 (N50)、10 元 (N10)、5 元 (N5)、1 元 (N1) 四种。请结合等价类划分法和边界值分析法为上述程序设计出相应的测试用例。

实验 2 黑 盒 测 试

1. 实验目的

(1) 能熟练应用黑盒测试技术 (边界值分析、等价类划分、判定表等) 进行测试用例设计与执行；

(2) 能够对比分析不同版本应用的缺陷，对应用质量进行评价；

(3) 能应用合适的工具对缺陷及用例进行管理。

2. 实验内容

题目一：电话号码问题

某城市电话号码由三个部分组成。它们的名称和内容分别是：

地区码：空白或三位数字；

前缀：非 '0**' 或 '1**' 的三位数字；

后缀：4 位数字。

假定被测程序能接受一切符合上述规定的电话号码，拒绝所有不符合规定的电话号码。

题目二：三角形问题

输入三个小于 200 的正整数，把这三个数作为三角形的三条边。通过程序打印出三角形类型：一般三角形、等腰三角形、等边三角形或不能构成三角形。

题目三：日期问题

程序有三个输入变量 month、day、year(month、day 和 year 均为整数值，并且满足：1≤month≤12 和 1≤day≤31)，分别作为输入日期的年、月、日年，通过程序可以输出该输入日期在日历上隔一天的日期。有效年份为 1900—2050 年。例如，输入为 2004 年 11 月 29 日，则该程序的输出为 2004 年 12 月 1 日。

题目四：找零钱最佳组合

假设商店货品价格 (R) 皆不大于 100 元 (且为整数)，若顾客付款在 100 元内 (P)，求

找给顾客最少货币个 (张) 数？（货币面值为 50 元、10 元、5 元、1 元这四种）

3. 实验步骤

(1) 通过在码云下载被测试程序。被测试程序在 bin 目录下，每个程序包括 3 个版本。代码运行方法：java –jar 被测试程序 .jar。下载地址：https://gitee.com/huizhuoli/experimental_case_of_software_testing.git

(2) 根据测试需求，按题目要求的方法设计测试用例。

(3) 建立测试单，测试执行代码版本 V1。

(4) 根据执行情况，上报 Bug。

(5) 根据执行情况，修正测试用例。

(6) 针对 V2 版本重复 3、4、5 步骤，进行回归测试。

(7) 针对 V3 版本重复 3、4、5 步骤，进行回归测试。

4. 实验交付成果

(1) 测试用例集；

(2) 缺陷清单；

(3) 实验报告。

5. 实验思考

(1) 在实际的测试中，如何设计测试用例，才能用最少的测试用例检测出最多的缺陷。

(2) 在进行用例设计时，如何考虑软件测试用例的充分性和减少软件测试用例的冗余性。

第 4 章

白 盒 测 试

　　白盒测试也称结构测试或逻辑驱动测试。它是指知道产品内部工作过程，检测产品内部动作是否按照规定正常进行；按照程序内部的结构测试程序，检验程序每条通路是否都能按要求正确工作。白盒测试的主要方法有逻辑覆盖、路径测试、数据流测试、程序插装、域测试等，主要用于软件验证。本章简要介绍各种白盒测试方法。

4.1　程序结构分析

4.1.1　基本概念

　　下面介绍测试中涉及图论的一些基本概念。

　　定义 4-1：有向图。

　　$G = (V，E)$，V 是顶点的集合，E 是有向边 (简称边) 的集合。$e = (T(e)，H(e)) \in E$ 是一对有序的邻接节点，$T(e)$ 是尾，$H(e)$ 是头。如果 $H(e) = T(e')$，则 e 和 e' 是临界边。$H(e)$ 是 $T(e)$ 的后继节点，$T(e)$ 是 $H(e)$ 的前驱节点，indegree(n) 和 outdegree(n) 分别是节点 n 的入度和出度。

　　定义 4-2：路径。

　　如果 $P = e_1 e_2 \cdots e_q$，且满足 $T(e_i + 1) = H(e_i)$，则 P 称为路径，q 为路径长度。

　　定义 4-3：完整路径。

　　如果 P 是一条路径，且满足 $e_1 = e_0$，$e_q = e_k$，则称 P 为完整路径。如果存在输入数据使得程序按照该路径运行，这样的路径称为可行完整路径，否则称为不可行完整路径。

　　程序设计要尽量避免不可行完整路径，因为这样的路径往往隐含错误。

　　定义 4-4：可达。

　　如果 e_i 到 e_j 存在一个路径，则称 e_i 到 e_j 是可达的。

　　定义 4-5：简单路径。

　　路径上所有的节点都是不同的，该路径称为简单路径。

　　定义 4-6：基本路径。

　　任意有向边都在路径中最多出现一次，该路径称为基本路径。

定义 4-7：子路径。

如果满足 $1 \leqslant u \leqslant t \leqslant q$，路径 $A = e_u e_{u+1} \cdots e_t$ 是 $B = e_1 e_2 \cdots e_q$ 的子路径。

定义 4-8：回路。

路径 $P = e_1 e_2 \cdots e_q$ 满足 $T(e_1) = H(e_q)$，路径 P 称为回路。除了第一个和最后一个节点外，其他节点都不同的回路称为简单回路。

定义 4-9：无回路路径。

一条路径中不包含回路子路径的称为无回路路径。

定义 4-10：A 连接 B。

若 $A = e_u e_{u+1} \cdots e_t$，$B = e_v e_{v+1} \cdots e_q$ 为两条路径，如果 $H(e_t) = T(e_v)$ 且 $e_u e_{u+1} \cdots e_t e_v e_{v+1} \cdots e_q$ 为路径，则称 A 连接 B，记为 A*B。

当一条路径是回路时，它可以和自己连接，记 $A^1 = A$，$A^{k+1} = A*A^k$。

定义 4-11：路径 A 覆盖路径 B。

如果路径 B 中所含的有向边均在路径 A 中出现，则称路径 A 覆盖路径 B。

定义 4-12：DD 路径。

程序和控制流图是一一对应的，经过适当的变换，控制流图可以一一对应地转化为 DD 图，因此，程序和 DD 图也是一一对应的。

4.1.2　程序的控制流图

自 19 世纪 70 年代以来，结构化程序的概念逐渐被人们接受。用程序流程图和程序控制流图刻画程序结构已有很长的历史。对用结构化程序语言书写的程序，则可以通过使用一系列规则从程序推导出其对应的流程图和控制流图。

流程图（即程序流程图）又称框图，是我们最熟悉、也是最容易理解的一种程序控制结构的图形表示。在流程图的框里面常常标明了处理要求或者条件，但是，这些标注在做路径分析时是不重要的。为了更加突出控制流的结构，需要对流程图做一些简化，在此引入控制流图（即程序控制流图）的概念。

控制流图是退化的程序流程图，图中每个处理都退化成一个节点，流线变成连接不同节点的有向弧。在控制流图中仅描述程序内部的控制流程，完全不表现对数据的具体操作，以及分支和循环的具体条件。控制流图对程序流程图中的结构化构件改用一般有向图的形式表示。

在控制流图中用圆"○"表示节点，一个圆代表一条或多条语句。程序流程图中的一个处理框序列和一个菱形判定框，可以映射成控制流图中的一个节点。控制流图中的箭头线称为边，它和程序流程图中的箭头线类似，代表控制流。在将程序流程图简化成控制流图时。

应注意：在选择或多分支结构中分支的汇聚处，即使没有执行语句也应该有一个汇聚节点。

在控制流图中，由边和节点围成的面积称为区域。

需要注意的是：当计算区域数时，应该包括图外部未被围起来的那个区域。

控制流图的基本图形符号如图 4-1 所示。

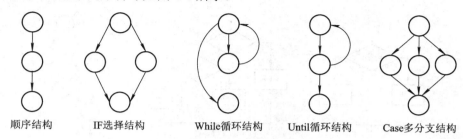

| 顺序结构 | IF选择结构 | While循环结构 | Until循环结构 | Case多分支结构 |

图 4-1　控制流图的基本图形符号

在图 4-2 中，我们给出了如何根据程序流程图绘制控制流图的例子。其中图 4-2(a) 是一个含有两个出口判断和循环的程序流程图，我们把它简化成控制流图的形式，如图 4-2(b) 所示。其中①、②、③、④、⑤、⑥、⑦表示节点，a、b、c、d、e、f、g、h 表示边，R1、R2、R3 表示区域。

如果判定中的条件表达式是复合条件时，即条件表达式是由一个或多个逻辑运算符 (OR，AND，NAND，NOR) 连接的逻辑表达式，则需要将复合条件的判定改为一系列只有单个条件的嵌套的判定。

例如：对于下面代码所示的复合条件判定，其程序流程图 (图 4-3(a)、图 4-3(b)) 对应的控制流图如图 4-3(c) 所示。

```
if (a || b)
    x++;
else
    x--;
```

条件语句 if(a || b) 中条件 a 和条件 b 各有一个只有单个条件的判定节点。

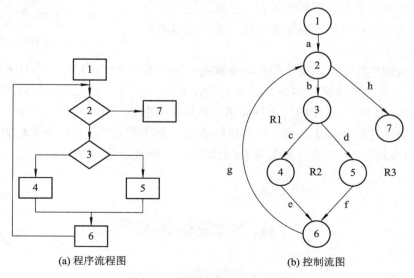

(a) 程序流程图　　　　　　　(b) 控制流图

图 4-2　程序流程图和控制流图

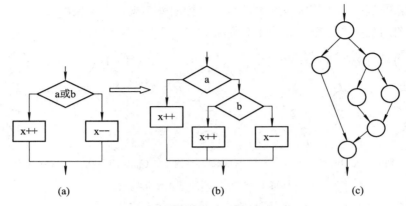

图 4-3　复合逻辑下的控制流图

由于控制流图保留了控制流程图的全部轨迹，舍弃了各框的细节，因而画面简洁，路径清楚，用它来验证各种测试数据对程序执行路径的覆盖情况，比控制流程图更加方便。

为了使控制流图在机器上表示，我们可以把控制流图表示成矩阵的形式，称为控制流图矩阵。在自动化测试中，导出控制流图和确定基本测试路径的过程均需要机械化，而控制流图矩阵的数据结构对此很有用。

定义 4-13：控制流图矩阵。有 m 个节点的控制流图矩阵是一个 $m \times m$ 矩阵：$A = (a(i, j))$，其中 $a(i, j)$ 是 1，当且仅当从节点 i 到节点 j 有一条弧，否则该元素为 0。

图 4-4 表示了图 4-2 的控制流图矩阵，这个矩阵有 7 行 7 列，是由该控制流图中 7 个节点决定的。矩阵中为 "1" 的元素的位置决定了它们所连接节点的号码。例如，矩阵中处于第 3 行第 4 列的元素为 "1"，那是因为在控制流图中从节点 3 至节点 4 有一条弧。这里必须注意方向，图中节点 4 到节点 3 没有弧，所以矩阵中第 4 行第 3 列也就没有元素。

	1	2	3	4	5	6	7
1	0	1	0	0	0	0	0
2	0	0	1	0	0	0	1
3	0	0	0	1	1	0	0
4	0	0	0	0	0	1	0
5	0	0	0	0	0	1	0
6	0	1	0	0	0	0	0
7	0	0	0	0	0	0	0

图 4-4　和图 4-2 对应的控制流图矩阵

在控制流图矩阵中，如果一行有两个或更多的元素为 "1"，则这行所代表的节点一定是一个判定节点，连接矩阵中两个以上 (包括两个) 为 "1" 的元素而得到的个数，就是确定该控制流图的圈复杂度的另一种算法。例如 4-4 图中，第 2 行和第 3 行分别有两个元素为 "1"，因此它们是判定节点。控制流图的圈复杂度等于判定节点的个数加一，通过控制流图矩阵可以得到判定节点为 2，因此控制流图的圈复杂度为 3。

4.2　逻辑覆盖测试

逻辑覆盖测试 (Logic Coverage Testing) 是指根据被测试程序的逻辑结构设计测试用例。

逻辑覆盖测试考察的重点是图中的判定框。因为这些判定要么与选择结构有关，要么与循环结构有关，是决定程序结构的关键成分。

按照对被测程序所做测试的有效程度，逻辑覆盖测试可由弱到强区分为 6 种覆盖：语句覆盖、判定覆盖、条件覆盖、判定－条件覆盖、条件组合覆盖和路径覆盖。各种逻辑覆盖法所要达到的覆盖标准如表 4-1 所示。

表 4-1　逻辑覆盖标准

发现错误的能力	弱→强	语句覆盖	每条语句至少执行一次
		判定覆盖	每一判定的每个分支至少执行一次
		条件覆盖	每一判定中的每个条件，分别按"真""假"至少各执行一次
		判定 - 条件覆盖	同时满足判定覆盖和条件覆盖的要求
		条件组合覆盖	求出判定中所有条件的各种可能组合（值），每个可能的条件组合至少执行一次
		路径覆盖	每条可能的路径至少执行一次

为方便讨论，我们将结合一个 Java 小程序段加以说明：

```java
public void function( int a, int b, int c ) {
    if (( a >1) && (b = = 0) {
        c = c / a;
    }
    if (( a = =5) || ( c >1 ) {
        c = c + 1;
    }
    c = a + b + c;
}
```

图 4-5 给出了该程序段的程序流程图。A、B、C、D 和 E 是控制流上的若干程序点。

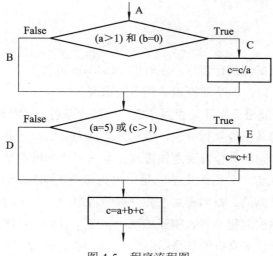

图 4-5　程序流程图

4.2.1　语句覆盖

语句覆盖 (Statement Coverage) 是指在测试时设计若干个测试用例，运行被测程序，使程序中的每条可执行语句至少执行一次。这时所谓"若干个"，当然是越少越好。

在上述程序段中，如果我们选用的测试用例是：

a = 5，b = 0，c = 6 ·······························　CASE1

则程序按路径 ACE 执行。这样该程序段的 5 个语句均得到执行，从而做到了语句覆盖。但如果选用的测试用例是：

a = 5，b = 1，c = 6 ·······························　CASE2

程序按路径 ABE 执行，便不能达到语句覆盖。因此我们在设计测试用例时应精心考虑测试数据的选取，尽量用较少的测试数据达到覆盖的要求。

从程序中每个语句都得到执行这一点来看，语句覆盖的方法似乎能够比较全面地检验每一个语句，但它也存在一定的缺陷。语句覆盖仅仅针对程序逻辑中显式存在的语句，而对于隐藏的条件是无法测试的。语句覆盖对逻辑运算 (如 || 和 &&) 反应迟钝，在多分支的逻辑运算中无法全面地考虑各种错误。

假如在上面的程序段中两个判断的逻辑运算有问题，例如，第一个判断的运算符 "&&"错写成运算符 "||"或是第二个判断中的运算符 "||"错写成运算符 "&&"。这时仍使用测试用例 CASE1，程序仍将按路径 ACE 执行。这说明虽然也做到了语句覆盖，却发现不了判断中逻辑运算的错误。

此外，我们还可以很容易地找出已经满足语句覆盖、却仍然存在错误的例子。如程序中包含下面的语句：

```
if( condition >= 0 )
    x = a + b;
```

如果将其错写成：

```
If ( condition > 0 )
    x = a + b;
```

假定给出的测试数据使执行该程序段时的 condition 值大于 0，则 x 被赋予 a + b 的值，这样虽然做到了语句覆盖，但是却掩盖了其中的错误。

另外，语句覆盖不能报告循环是否到达它们的终止条件，只能显示循环是否被执行了。对于 do-while 循环，通常至少执行一次，语句覆盖认为它们和无分支语句是一样的。

实际上，和后面介绍的其他几种逻辑覆盖比起来，语句覆盖是比较弱的覆盖原则。做到了语句覆盖可能给人们一种心理上的满足，以为每个语句都经历过，似乎可以放心了。其实这仍然是十分不可靠的。语句覆盖在测试被测程序中，除了对检查不可执行语句有一定作用外，并没有排除被测程序包含错误的风险。必须看到，被测程序并非语句的无序堆积，语句之间的确存在许多有机的联系。

4.2.2 判定覆盖

判定覆盖 (Decision Coverage) 的基本思想是，设计若干测试用例，运行被测试程序，使得程序中每个判断的取真分支和取假分支至少执行一次，即判断的真假值均曾被满足。判定覆盖又称为分支覆盖。仍以上述程序段为例，由于每个判定有两个分支，因此要达到判定覆盖至少需要两组测试用例。若选用的两组测试用例是：

a = 5，b = 0，c = 6 ·· CASE1

a = 1，b = 0，c = 1 ·· CASE3

则可分别执行路径 ACE 和 ABD，从而使两个判断的 4 个分支 C、E、B、D 分别得到覆盖。当然，我们也可以选用另外两组测试用例：

a = 3，b = 0，c = 2 ·· CASE4

a = 5，b = 1，c = 2 ·· CASE5

分别执行路径 ACD 及 ABE，同样也可覆盖两个判定的真假分支。

我们注意到，上述两组测试用例不仅满足了判定覆盖，同时还做到了语句覆盖。从这一点可以看出判定覆盖具有比语句覆盖更强的测试能力。但判定覆盖也具有一定的局限性。在实际应用的程序中，往往大部分的判定语句是由多个逻辑条件组合而成的 (如判定语句中包含 and、or、case)，仅仅判断整个最终结果，但忽略每个条件的取值情况，据此必然会遗漏部分测试路径。假设在此程序段中的第二个判断条件 c>1 被错写成了 c<1，使用上述测试用例 CASE5，照样能按原路径 (ABE) 执行而不影响结果。这个事实说明，只做到判定覆盖将无法确定判断内部条件的错误。下面我们再看一段代码：

```
if ( a && ( b || function( )))
    x = x * 5;
else
    x = x / 5;
```

这段代码完全可以不用调用函数，因为表达式 (a && (b || function())) 为真时可以取 a 为真和 b 为真，表达式为假时可以取 a 为假。由此可以看出完全的判定覆盖并不能深入到判定中的各个逻辑条件。因此判定覆盖仍是弱的逻辑覆盖，需要有更强的逻辑覆盖准则去检验判定内的条件。

说明：以上仅考虑了两出口的判断，我们还应把判定覆盖准则扩充到考虑多出口判断 (如 case 语句) 的情况。因此，判定覆盖更为广泛的含义应该是使每一个判定获得每一种可能的结果至少一次。多出口判断示意图如图 4-6 所示。

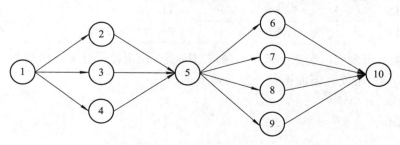

图 4-6 多出口判断

4.2.3 条件覆盖

条件覆盖 (Condition Coverage) 的基本思想是，设计若干测试用例，执行被测程序以后，要使每个判断中每个条件的可能取值至少满足一次，即每个条件至少有一次为真值，有一次为假值。

在上述程序段中，第一个判断应考虑到：

a>1，取真值，记为 T1

a>1，取假值，即 a≤1，记为 F1

b = 0，取真值，记为 T2

b = 0，取假值，即 b ≠ 0，记为 F2

第二个判断应考虑到：

a = 5，取真值，记为 T3

a = 5，取假值，即 a ≠ 5，记为 F3

c>1，取真值，记为 T4

c>1，取假值，即 c≤1，记为 F4

条件覆盖的思想就是让测试用例能覆盖 T1、T2、T3、T4、F1、F2、F3、F4 这 8 种情况。下面给出 3 个测试用例：CASE6、CASE7、CASE8，执行该程序段的覆盖情况如表 4-2 所示。

表 4-2 测 试 用 例

测试用例	测试数据	覆盖条件	执行路径
CASE6	a = 5，b = 0，c = 6	T1，T2，T3，T4	ACE
CASE7	a = 2，b = 0，c = 1	F1，T2，F3，F4	ABD
CASE8	a = 5，b = 2，c = 1	T1，F2，T3，F4	ABE

从表中可以看到，3 个测试用例对 4 个条件的 8 种情况均做了覆盖。

进一步分析，测试用例覆盖了 4 个条件的 8 种情况，并对两个判断的 4 个分支也做了覆盖，这样我们是否可以说，做到了条件覆盖，也就必然实现了判定覆盖呢？让我们来分析另一种情况，假定选用的两组测试用例是 CASE8 和 CASE9，执行程序段的覆盖情况如表 4-3 所示。

表 4-3 测 试 用 例

测试用例	测试数据	覆盖条件	执行路径
CASE8	a = 5，b = 2，c = 1	T1，F2，T3，F4	ABE
CASE9	a = 1，b = 0，c = 2	F1，T2，F3，T4	ABE

这一覆盖情况表明，覆盖了条件的测试用例不一定覆盖了分支。事实上，它只覆盖了 4 个分支中的两个分支。下面再看一段 Java 代码：

```java
bool f ( bool e ){
    return false;
}
```

```
……
bool a[2] = { false, false };
if ( f( a && b ))
    x = x + 5;
if ( a[ int ( a && b )] )
    x = x*2;
if ( ( a && b ) ? false :false )
    x = x / 3;
……
```

上面 3 个 if 语句不管 a 和 b 取什么值，都达不到完全的判定覆盖，但却能达到 100%的条件覆盖。因此完全的条件覆盖并不能保证完全的判定覆盖。条件覆盖只能保证每个条件的真值和假值至少满足一次，但不能考虑所有的判定结果。为了解决这一矛盾，需要对条件和分支兼顾。

4.2.4 判定 – 条件覆盖

判定 – 条件覆盖 (Decision-Condition Coverage) 的基本思想是，将判定覆盖和条件覆盖结合起来，即设计足够的测试用例，使得判断条件中的每个条件的所有可能至少执行一次，并且每个判断的可能判定结果也至少执行一次。判定 – 条件覆盖实际上是将判定覆盖和条件覆盖结合起来的一种方法。

按照判定 – 条件覆盖的要求，我们设计的测试用例要满足如下条件：

(1) 每个条件的所有可能至少执行一次；

(2) 每个判断的可能判定结果至少执行一次。

本例中，我们可以设计两个测试用例来达到判定 – 条件覆盖，如表 4-4 所示。

表 4-4 测 试 用 例

测试数据	覆盖条件	覆盖分支	执行路径
a = 5，b = 0，c = 6	T1，T2，T3，T4	C，E	ACE
a = 1，b = 2，c = 1	F1，F2，F3，F4	B，D	ABD

从表面上看，判定 – 条件覆盖测试了各个判定中的所有条件的取值，但实际上，编译器在检查含有多个条件的逻辑表达式时，某些情况下的某些条件将会被其他条件所掩盖。因此，判定 – 条件覆盖也不一定能够完全检查出逻辑表达式中的错误。

例如：对于条件表达式 (a>1)&&(b==0) 来说，若 (a>1) 的测试结果为真，则还要测试 (b==0)，才能确定表达式的值；而若 (a>1) 的测试结果为假，可以立刻确定表达式的结果为假。这时编译器将不再检查 (b==0) 的取值了。因此，条件 (b==0) 就没有被检查。

同样，对于条件表达式 (a = 5)|| (c>1) 来说，若 (a = 5) 的测试结果为真，则可以立即确定表达式的结果为真。这时，将不会检查 (c>1) 这个条件，那么将无法发现这个条件中的错误。因此，采用判定 – 条件覆盖，不一定能够查出逻辑表达式中的错误。

4.2.5 条件组合覆盖

条件组合覆盖(Condition Combination Coverage)就是设计足够的测试用例，运行被测程序，使得所有可能的条件（取值）组合至少执行一次。

对于前面的例子，我们按照条件组合覆盖的基本思想，对每个判断中的所有条件进行组合。在本例中，有两个判断，每个判断又包含两个条件，因此这 4 个条件在两个判断中有 8 种可能的组合，如表 4-5 所示。而我们设计的测试用例就是要包括所有的条件组合。本例中条件组合覆盖的测试用例如表 4-6 所示。

表 4-5　条 件 组 合

编号	具体条件取值	覆盖条件	判定取值
1	a>1，b=0	T1，T2	第一个判定：取真分支
2	a>1，b≠0	T1，F2	第一个判定：取假分支
3	a≤1，b=0	F1，T2	第一个判定：取假分支
4	a≤1，b≠0	F1，F2	第一个判定：取假分支
5	a=5，c>1	T3，T4	第二个判定：取真分支
6	a=5，c≤1	T3，F4	第二个判定：取真分支
7	a≠5，c>1	F3，T4	第二个判定：取真分支
8	a≠5，c≤1	F3，F4	第二个判定：取假分支

表 4-6　测 试 用 例

测试用例	覆盖条件	覆盖分支	执行路径
a=5，b=0，c=6	T1，T2，T3，T4	C，E	ACE
a=5，b=2，c=2	T1，F2，T3，F4	B，E	ABE
a=1，b=0，c=3	F1，T2，F3，T4	B，E	ABE
a=1，b=3，c=0	F1，F2，F3，F4	B，D	ABD

通过本例，我们可以看到条件组合覆盖准则满足了判定覆盖、条件覆盖和判定 - 条件覆盖准则。

另外，我们注意到，本例的程序段共有 4 条路径。以上 4 个测试用例虽然覆盖了条件组合，同时也覆盖了 4 个分支，但仅覆盖了 3 条路径，漏掉了路径 ACD，测试还不完全。

4.2.6 路径覆盖

前面讨论的多种覆盖准则，有的虽提到了所走路径问题，但尚未涉及路径的覆盖。而在软件测试中路径能否全面覆盖是个重要问题，因为程序要取得正确的结果，就必须消除遇到的各种障碍，使程序沿着特定的路径顺利执行。只有程序中的每一条路径都得到检验，才能说程序受到了全面检验。

路径覆盖(Path Coverage)的基本思想是，设计足够多的测试用例，来覆盖程序中所有可能的路径。

针对上面的 4 条可能路径：ACE、ABD、ABE、ACD，我们给出 4 个测试用例：CASE1、CASE7、CASE8 和 CASE11，使其分别覆盖这 4 条路径。测试用例详情如表 4-7 所示。

表 4-7　测 试 用 例

测试用例	测试数据	覆盖路径
CASE1	a=5，b=0，c=6	ACE
CASE7	a=2，b=0，c=1	ABD
CASE8	a=5，b=2，c=1	ABE
CASE11	a=3，b=0，c=1	ACD

这里所用的程序段非常简短，只有 4 条路径。但在实际问题中，程序往往包括循环、条件组合、分支判断等，因此其路径数可能是一个庞大的数字，要在测试中覆盖如此多的路径是无法实现的。

图 4-7 所示的流程图包括一个执行达 20 次的循环，它所包含的不同执行路径数高达520 条，若要对它进行路径覆盖，假使测试程序对每一条路径进行测试所需要的时间为 1毫秒，假定一天工作 24 小时，一年工作 365 天，那么要想把图 4-7 中描述的小程序的所有路径测试完，则需要 3000 多年。为解决这一难题，只得把覆盖的路径数压缩到一定限度，例如，程序中的循环只执行一次或两次。

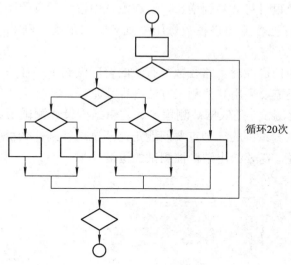

图 4-7　流程图

而在另外一些情况下，一些路径是不可能被执行的，因为许多路径与执行的数据有关。例如下面的程序段：

```
if ( success )
    a++ ;
if ( success )
    b-- ;
```

这两条语句实际只包括了 2 条执行路径，即 success 为真 (success = true) 时，对 a 和 b 进行处理，success 为假 (success = false) 时，对 a 和 b 不处理。真和假不可能同时存在，而路径覆盖测试则认为该程序段包含 4 条执行路径。这样一方面降低了测试效率，另一方面，大量测试结果的累积也为排错带来困难。

其实，即使对路径数很小的程序做到了路径覆盖，仍然不能保证被测程序的正确性。例如：

```
if ( x <= 5 )
    x = x + y ;
```

如果将其错写成：

```
if ( x < 5 )
    x = x + y ;
```

我们使用路径覆盖也发现不了其中的错误。

由此可以看出，采用任何一种覆盖方法都不能完全满足我们的要求，采用任何一种测试方法都不能保证程序的正确性。所以，在实际的测试用例设计过程中，可以根据需要将不同的覆盖方法组合起来使用，以实现最佳的测试用例设计。一定要记住，测试的目的并非是证明程序的正确性，而是尽可能找出程序中的错误。

对于比较简单的小程序，实现路径覆盖是可能做到的。但如果程序中出现较多判断和较多循环，可能的路径数目将会急剧增长，要在测试中覆盖所有的路径是无法实现的。为了解决这个难题，只有把覆盖的路径数量压缩到一定的限度，例如，对程序中的循环体只执行一次。

在实际测试中，即使已经对于路径数很有限的程序做到了路径覆盖，仍然不能保证被测试程序的正确性，还需要采用其他测试方法进行补充。

结构性测试 (白盒测试) 是依据被测程序的逻辑结构设计测试用例，驱动被测程序运行完成的测试。结构性测试中的一个重要问题是：测试进行到什么程度就达到要求，可以结束测试了，也就是说，需要给出结构性测试的覆盖准则。

4.3　路　径　测　试

4.3.1　基路径测试

如果把覆盖的路径数压缩到一定限度，例如，对程序中的循环体只执行零次和一次，就是基路径测试 (也称基本路径测试)。基路径测试是在程序控制流图的基础上，通过分析控制构造的环路复杂性，导出基本可执行路径集合，从而设计测试用例的方法。设计出的测试用例要保证对测试中程序的每个可执行语句至少执行一次。

进行基路径测试时，需要获得程序的环路复杂性，并找出独立路径。下面首先介绍程序的环路复杂性和独立路径。

1. 程序的环路复杂性

程序的环路复杂性即 McCabe 复杂性度量，简单将其定义为控制流图的区域数。可从程序的环路复杂性推导出程序基本路径集合中的独立路径条数，这是确保程序中每个可执行语句至少执行一次所必须使用的测试用例数目的上限。

通常，环路复杂性可用以下三种方法求得。

方法一：通过控制流图的边数和节点数计算。设 E 为控制流图的边数，N 为图的节点数，则定义环路复杂性为 $V(G) = E - N + 2$。

下面计算图 4-2(b) 中的环路复杂性。图中共有 8 条边，7 个节点，因此 E = 8，N = 7，$V(G) = E - N + 2 = 8 - 7 + 2 = 3$，程序的环路复杂性为 3。

方法二：通过控制流图中判定节点数计算。若设 P 为控制流图中的判定节点数，则有 $V(G) = P + 1$。

图 4-2(b) 的控制流图中有 2 个判定节点，因此其环路复杂性为 $V(G) = P + 1 = 2 + 1 = 3$。

注意：对于 switch-case 语句，其判定节点数的计算需要转化。将 case 语句转换为 if-else 语句后再判断判定节点数。

方法三：将环路复杂性定义为控制流图中的区域数。

注意：控制流图的外面也要算一个区域。在图 4-2(b) 的控制流图中有 3 个区域：R1、R2、R3，因此其环路复杂性为 3。

2. 独立路径

独立路径是指包括一组以前没有处理的语句或条件的一条路径。控制流图中所有独立路径的集合就构成了基本路径集 (也称独立路径集)。在图 4-2(b) 所示的控制流图中，一组独立的路径是：

path1：1-2-7；

path2：1-2-3-4-6-2-7；

path3：1-2-3-5-6-2-7；

路径 path1，path2，path3 就组成了控制流图的一个基本路径集。只要设计出的测试用例能够确保这些基本路径的执行，就可以使程序中的每个可执行语句至少执行一次，使每个条件的取真分支和取假分支得到测试。

需要注意的是，基本路径集不是唯一的，对于给定的控制流图，可以得到不同的基本路径集。

例如，对于如图 4-8 所示的控制流图，由圈复杂度计算方法可知该控制流图的圈复杂度为 5，因此有 5 条独立路径。

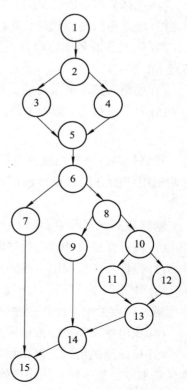

图 4-8　控制流图

path1：1-2-3-5-6-7-15；

path2：1-2-3-5-6-8-9-14-15；

path3：1-2-3-5-6-8-10-11-13-14-15；

path4：1-2-3-5-6-8-10-12-13-4-15；

path5：1-2-4-5-6-7-15。

路径 path1，path2，path3，path4，path5 组成了如图 4-8 所示的控制流图的一个基本路径集。

很显然，我们还可以找出另一组基本路径集：

path6：1-2-3-5-6-7-15；

path7：1-2-4-5-6-7-15；

path8：1-2-4-5-6-8-9-14-15；

path9：1-2-4-5-6-8-10-11-13-14-15；

path10：1-2-4-5-6-8-10-12-13-4-15。

path6，path7，path8，path9，path10 组成了如图 4-8 所示的控制流图的另一个基本路径集。

由于基本路径集可能不唯一，因此在测试中就需要考虑如何选择合适的独立路径构成基本路径集，以提高测试的效率和质量。

选择独立路径的原则如下：

(1) 选择具有功能含义的路径；

(2) 尽量用短路径代替长路径；

(3) 从上一条测试路径到下一条测试路径，应尽量减少变动的部分（包括变动的边和节点）；

(4) 由简入繁，如果可能，应先考虑不含循环的测试路径，然后补充对循环的测试；

(5) 除非不得已（如为了覆盖某条边），不要选取没有明显功能含义的复杂路径。

3. 基路径测试法

基路径测试法是通过分析控制构造的环路复杂性，导出基本可执行路径集合，从而设计测试用例的方法。设计出的测试用例要保证对测试中程序的每个可执行语句至少执行一次。

基路径测试法的步骤如下：

(1) 根据详细设计或者程序源代码，绘制出程序流程图；

(2) 根据程序流程图，绘制出程序的控制流图；

(3) 计算程序的环路复杂度。环路复杂度是一种为程序逻辑复杂性提供定量测度的软件度量，该度量用于计算程序的基本独立路径数目。

(4) 找出独立路径。根据程序的控制流图得到基本路径集，列出程序的独立路径。

(5) 设计测试用例。根据程序结构和程序环路复杂性设计用例，输入数据和预期结果，确保基本路径集中每一条路径的执行。

案例4-1 简单程序

下面通过一个实例来说明基路径测试的方法和过程。

```
public void sort( int  iRecordNum, int iType )
    {
    int  x = 0;
    int  y = 0;
    while ( RecordNum > 0 ) {
        if( iType = = 0)
            x = y + 2;
        else {
            if( iType = = 1 )
                x = y + 5;
            else
                x = y + 10;
        }
    }
}
```

下面用基路径测试法对上述这段代码进行测试。

第一步：画出控制流图。本例代码对应的控制流图如图 4-9 所示。

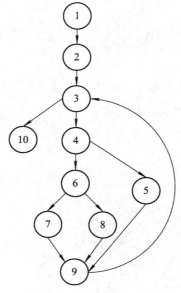

图 4-9 控制流图

第二步：计算圈复杂度。下面用三种方法计算圈复杂度：

方法一：控制流图中区域的数量对应圈复杂度。从控制流图中可以很直观地看出，其区域数为 4，因此其圈复杂度为 4。

方法二：通过公式：V(G) = E − N + 2 来计算。E 是控制流图中边的数量，在本例中 E=11，N 是控制流图中节点的数量，在本例中，N = 9，V(G) = 11 − 9 + 2 = 4。

方法三：通过判定节点数计算，P 是控制流图 G 中判定节点的数量，V(G) = P + 1。本例中判定节点有 3 个，即 P = 3，V(G) = P + 1=3 + 1 = 4。

第三步：找出独立路径。根据上面计算的圈复杂度，可得出 4 条独立的路径：

路径 1：1-2-3-4-5-9-3-10

路径 2：1-2-3-4-6-7-9-3-10；

路径 3：1-2-3-4-6-8-9-3-10；

路径 4：1-2-3-10。

第四步：导出测试用例。为了确保基本路径集中每一条路径的执行，根据判定节点给出的条件，选择适当的数据以保证每一条路径都可以被测试到，满足上面例子中基本路径集的测试用例如表 4-8 所示。

表 4-8　测 试 用 例

用例编号	路　　　径	输入数据	预期输出
1	路径 1：1-2-3-4-5-9-3-10	iRecordNum = 1，iType = 0	x = 2
2	路径 2：1-2-3-4-6-7-9-3-10	iRecordNum = 1，iType = 1	x = 5
3	路径 3：1-2-3-4-6-8-9-3-10；	iRecordNum = 1，iType = 3	x = 10
4	路径 4：1-2-3-10	iRecordNum = 0	x = 0

案例4-2　选 择 排 序

下面程序对 array 数组的数据按从小到大的顺序进行排序。

```
public void select_sort ( int array[ ] ) {
    int  i, j, k, t, n = array.length;
    for ( i = 0; i<n-1; i++ ) {
        k = j;
        for( j = I + 1; j < n; j++ ) {
            if ( array[j] < array[k] )
                k = j;
        }
        if ( i != k ) {
            t = array[k];
            array[k] = array[i];
            array[i] = t;
```

```
        }
    }
}
```

要求：(1) 计算此程序段的圈复杂度；(2) 用基路径测试法给出测试路径；(3) 为各测试路径设计测试用例。

根据题目的要求，按照下面的步骤进行。

绘制出代码段的程序流程图和控制流图，如图 4-10 所示。

步骤一：根据控制流图，计算程序的圈复杂度。图中共有 4 个判定节点，由公式 $V(G) = P + 1$，得 $V(G) = 4 + 1 = 5$。因此程序的圈复杂度为 5。

步骤二：寻找独立路径。由程序的圈复杂度，可知独立路径有 5 条。分别是：

path1：1-2-11；

path2：1-2-3-4-8-10-2-11；

path3：1-2-3-4-8-9-10-2-11；

path4：1-2-3-4-5-6-7-4-8-9-10-2-11；

path5：1-2-3-4-5-7-4-8-10-2-11；

路径 path1，path2，path3，path4，path5 组成了控制流图的一个基本路径集。当然，基本路径集并不唯一，我们只是找出了其中一种进行分析。

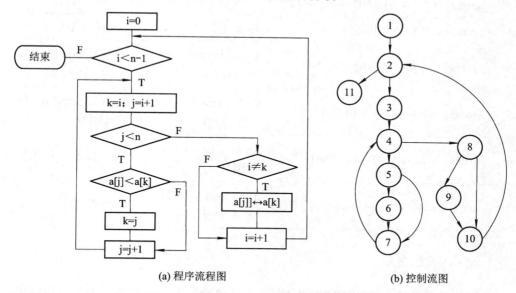

(a) 程序流程图   (b) 控制流图

图 4-10　选择排序的程序流程图和控制流图

步骤三：针对每一条独立路径设计测试用例。

path1：1-2-11：取 n = 1，预期结果：只有一个元素，不需要排序；

path2：1-2-3-4-8-10-2-11：取 n = 2，预期结果：路径不可达；

path3：1-2-3-4-8-9-10-2-11：取 n = 2，预期结果：路径不可达；

path4：1-2-3-4-5-6-7-4-8-10-2-11；取 n = 2，array [0] = 5，array[1] = 3，预期结果：k = 1， array[0] = 3，array[1] = 5；

　　path5：1-2-3-4-5-7-4-8-10-2-11；取 n = 2，array[0] = 1，array[1] = 5，预期结果：k = 0，array[0] = 1，array [1] = 5；

　　为了进行更全面的测试，除了为独立路径设计测试用例外，在本题目中我们还可以考虑其他路径。比如：

　　path6：1-2-3-4-5-6-7-4-8-10-2-11，取 n = 2，array[0] = 5，array[1] = 3，预期结果：k = 1，路径不可达；

　　path7：1-2-3-4-5-7-4-8-9-10-2-11，取 n = 2，array[0] = 3，array[1] = 5，预期结果：k = 0，路径不可达；

　　通过上面的测试用例设计，我们发现寻找的独立路径中有些是不可执行的路径，为了提高测试效率，我们在寻找独立路径时，需要考虑前后逻辑条件和数据的相关性。

　　为更清晰地表达各测试用例和执行路径，下面用表格的方式组织各测试用例，如表 4-9 所示。

表 4-9　测 试 用 例

用例	路　　　　径	输入数据	预输出结果
1	path1：1-2-11	n = 1；a[0] = 5	按路径执行
2	path2：1-2-3-4-8-10-2-11	n = 2	路径不可达
3	path3：1-2-3-4-8-9-10-2-11	n = 2	路径不可达
4	path4：1-2-3-4-5-6-7-4-8-9-10-2-11	n = 2；array[0] = 5；array[1] = 3	k = 1；array[0] = 3；array[1] = 5
5	path5：1-2-3-4-5-7-4-8-10-2-11	n = 2；array[0] = 1；array[1] = 5	k = 0；array[0] = 1；array[1] = 5
6	path6：1-2-3-4-5-6-7-4-8-10-2-11	n = 2；array[0] = 5；array[1] = 3	k = 1，路径不可达
7	path7：1-2-3-4-5-7-4-8-9-10-2-11	n = 2；array[0] = 3；array[1] = 5	k = 0，路径不可达

4.3.2　循环测试

　　基路径测试法是控制结构测试技术之一。尽管基路径测试法简单高效，但是测试覆盖并不充分，还需要其他的测试方法加以补充。循环测试是控制结构测试的一种变种，可以提高白盒测试的质量。

　　循环测试专用于测试程序中的循环，注重于循环构造的有效性，并且可以进一步提高测试覆盖率。从本质上说，循环测试的目的就是检查循环结构的有效性。

　　通常，循环可以划分为：简单循环、嵌套循环、串接循环和不规则循环。它们的结构如图 4-11 所示。

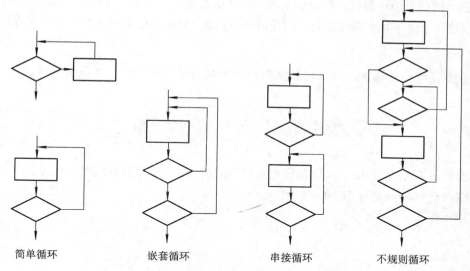

图 4-11 循环结构

1. 简单循环

循环测试最基本的形式是简单循环 (只有一个循环层次)。对于简单循环，应该设计以下 5 种测试集，其中 n 是允许通过的最大循环次数。

(1) 零次循环：从循环入口直接跳过整个循环；

(2) 一次循环：只有一次通过循环；

(3) 两次通过循环；

(4) m 次通过循环，$m < n$；

(5) $n-1$，n，$n+1$ 次通过循环。

为了提高测试效率，至少需要 5 个测试用例，即循环变量等于 0，1，m，$n-1$，n，$n+1$。

2. 嵌套循环

对于嵌套循环的测试，不能简单地通过扩展简单循环的测试来得到。如果将简单循环的测试方法用于嵌套循环，可能的测试数就会随嵌套层数呈几何级增长，这会导致测试数目大大增加。例如，2 层的嵌套循环，可能要运行 $5^2(25)$ 个测试用例；如果 4 层嵌套循环，可能要运行 $5^4(625)$ 个测试用例。为减少测试数目，对于嵌套循环，可按照下面的步骤进行测试：

(1) 从最内层循环开始 (不含最内层循环)，将所有其他层的循环设置为最小值；

(2) 对最内层循环使用简单循环的全部测试。测试时对所有外层循环的迭代参数 (即循环变量) 取最小值，并为越界值或非法值增加其他测试；

(3) 由内向外构造下一个循环的测试。测试时对所有外层循环的循环变量取最小值，并对其他嵌套内层循环的循环变量取"典型"值；

(4) 反复进行，直到测试完所有的循环。

3. 串接循环

两个或多个简单的循环串接在一起，称为串接循环。如果两个或多个循环毫不相干，则应作为独立的简单循环测试。但是如果两个循环串接起来，而第一个循环是第二个循环的初始值，则这两个循环并不是独立的。如果循环不独立，则推荐使用嵌套循环的方法进行测试。

4. 不规则循环

不规则循环不能测试，尽量将其重新设计为结构化的程序结构后再进行测试。

案例4-3 求 最 大 值

下面所示的 Java 代码，其功能是找出数组中的最大值。请用循环测试方法对其进行测试。

```java
public int maximum(int a[], int n) {
    int  i, j, k;
    i = 0;
    k = i;
    for (j = i + 1; j < n; j++) {
        if (a[j] > a[k]) {
            k = j;
        }
    }
    return a[k];
}
```

首先根据程序源代码绘制出程序流程图和控制流图，如图 4-12 所示。

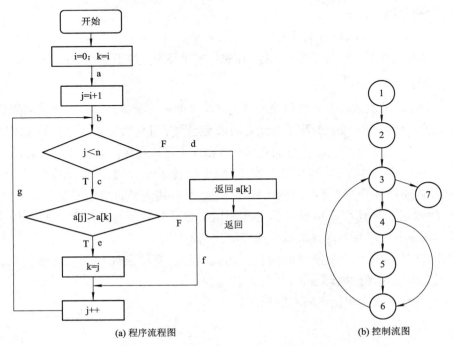

(a) 程序流程图   (b) 控制流图

图 4-12   求最大值的程序流程图和控制流图

从程序流程图可以看出，这里只有一个简单循环，根据简单循环的测试原则进行测试。设计的测试用例如表 4-10 所示。这里只测试了循环次数为 0、1、2、3、4、5 的情况。

表 4-10　求最大值的测试用例

循环次数	数组大小	输入数据（数组元素）	执 行 路 径	预期结果
0	1	{5}	1-2-3-7	5
1	2	{5，2}	1-2-3-4-6-7	5
1	2	{2，5}	1-2-3-4-5-6-3-7	5
2	3	{9，2，1}	1-2-3-4-6-3-4-6-7	9
2	3	{2，1，5}	1-2-3-4-6-3-4-5-6-7	5
2	3	{1，2，5}	1-2-3-4-5-6-3-4-5-6-3-7	5
2	3	{1，5，2}	1-2-3-4-5-6-3-4-6-3-7	5
3	4	{5，1，2，3}	1-2-3-4-6-3-4-6-3-4-6-7	5
4	5	{5，1，2，3}	1-2-3-4-6-3-4-6--3-4-6-3-4-6-7	5
5	6	{5，1，2，3，9}	1-2-3-4-6-3-4-6--3-4-6-3-4-6-3-4-5-6-7	9

4.4　其他白盒测试方法

4.4.1　数据流测试

1. 数据流测试

数据流分析最初是随着编译系统要生成有效的目标代码而出现的，这类方法主要用于优化代码。早期的数据流分析常常集中于现在叫作定义 (Definition)/ 引用 (Use) 异常的缺陷：

(1) 变量被定义，但是从来没有使用。

(2) 所使用的变量没有被定义。

(3) 变量在使用之前被定义了两次。

数据流测试 (Data Flow Testing) 是基于程序的控制流，从建立的数据目标状态的序列中发现异常的结构测试方法。

假设程序 P 遵循结构化程序设计规格，V 是它的程序变量集合，P 中的所有路径集合是 Path(P)，P 的程序图为 G(P)。根据数据流测试的定义 / 引用测试理论，有下列定义。

定义 4-14：节点 $n \in G(P)$ 是变量 $v \in V$ 的定义节点，记作 DEF(v，n)，当且仅当变量 v 的值由对应节点 n 的语句片断处定义。

输入语句、赋值语句、循环控制语句和过程调用，都是定义节点语句的例子。当执行这种语句的节点时，与该变量关联的存储单元的内容就会改变。

定义 4-15：节点 m∈G(P) 是变量 v∈V 的引用节点，记作 USE(v，m)，当且仅当变量 v 的值在对应节点 m 的语句片断处引用。

输出语句、赋值语句、条件语句、循环控制语句和过程调用，都是引用节点语句的例子。当执行这种语句的节点时，与该变量关联的存储单元的内容不会改变。

一个变量有两种被引用方式。一是用于计算新数据、输出结果或中间计算结果等，这种引用称为计算引用 (Calculation use)，用 C-use 表示。二是用于计算判断控制转移方向的谓词，这种引用称为谓词引用 (Predicate use)，用 P-use 表示。对应于计算引用的节点，其外度≤1；对应于谓词引用的节点，其外度≥2。

定义 4-16：如果某个变量 v∈V 在语句 n 中被定义 (DEF(v，n))，在语句 m 被引用 (USE (v，m))，那么就称语句 n 和 m 语句为变量 v 的一个定义 – 引用对，简称 du(记作 <v，n，m>)。

定义 4-17：变量 v 的定义 – 引用路径 (definition-use path，记作 du-path) 是程序 P 中的所有路径集合 Path(P) 中的路径，使得对某个 v∈V，存在定义节点 DEF(v，m) 和引用节点 USE(v，n)，使得 m 和 n 是该路径的最初节点和最终节点。

定义 4-18：变量 v 的定义 – 清除路径 (definition-clear path，记作 dc-path)，是具有最初节点 DEF(v，m) 和最终节点 USE(v，n) 的 Path(P) 中的路径，使得该路径中没有其他节点是 v 的定义节点。

定义 – 引用路径和定义 – 清除路径描述了从值被定义的点到值被引用的点的源语句的数据流。

定义 4-19：如果定义 – 引用路径 (du-path) 中存在一条定义 – 清除路径 (dc-path)，那么该定义 – 引用路径就是可测试的，否则就不可测试。

数据流测试使用程序中的数据流关系来指导测试者选取测试用例。数据流测试的基本思想是：一个变量的定义，通过辗转的引用和定义，可以影响到另一个变量的值，或者影响到路径的选择等。进行数据流测试时，根据被测试程序中变量的定义和引用位置选择测试路径。因此，可以选择一定的测试数据，使程序按照一定的变量的定义 – 引用路径执行，并检查执行结果是否与预期的相符，从而发现代码的错误。

数据流测试有下列覆盖准则：

1) 定义覆盖准则

最简单的数据流测试方法着眼于测试一个数据的定义的正确性。通过考察每一个定义的一个引用结果来判断该定义的正确性。该方法可用定义覆盖准则 (充分性准则) 的形式，定义如下。

定义 4-20：测试数据集 T 满足程序 P 的定义覆盖准则，当且仅当对于所有变量 v∈V，T 包含从 v 的每个定义节点到 v 的一个引用的定义 – 清除路径。

2) 引用覆盖准则

因为一个定义可能传递到多个引用，一个定义不仅要求对某一个引用是正确的，而且，要对所有的引用都是正确的。定义覆盖准则只要求测试数据对每一个定义检查一个引用，显然是一个很弱的覆盖准则。改进这一个测试方法的途径之一是要求对每一个可传递到的引用都进行检查，因此引入引用覆盖准则的形式，定义如下。

定义 4-21：测试数据集 T 对测试程序 P 满足引用覆盖准则，当且仅当对于所有变量 v∈V，T 包含从 v 的每个定义节点到 v 的所有引用的定义 – 清除路径。

3) 定义 – 引用覆盖准则

引用覆盖准则在一定程度上弥补了定义覆盖准则。但仍有些不足之处。引用覆盖准则虽然要求检查每一个定义的所有可传递的引用，但对如何从一个定义传递到一个引用却不作要求。例如，如果程序中存在循环，则从一个定义到一个引用可能存在多条路径。一个更严格的数据流测试方法是对所有这样的路径进行检查，成为定义 – 引用路径覆盖准则。然而，这样的路径可能会有无穷多条，从而导致充分性准则的非有限性，对此，我们只检查无环路的或只包含一个简单环路的路径。

定义 4-22：测试数据集 T 满足程序 P 的定义 – 引用路径准则，当且仅当所有变量 v∈V，T 包含从 v 的每个定义节点到 v 的所有引用的定义明确的路径，并且这些路径要么有一次的环路经过，要么没有环路。

4) 全计算引用 – 部分谓词引用覆盖准则

定义 4-23：测试数据集 T 对程序 P 是满足全计算引用 – 部分谓词引用覆盖准则，当且仅当所有变量 v∈V，T 包含从 v 的每个定义节点到 v 的所有计算引用的定义 – 清除的路径，并且如果 v 的一个定义没有计算引用，则至少一个谓词引用有一条定义 – 清除的路径。

5) 其他的数据流覆盖准则

其他的数据流覆盖准则还包括二元交互链覆盖、计算环境覆盖、所有谓词引用 / 部分计算使用覆盖等。

由于程序内的语句因变量的定义和使用而彼此相关，所以用数据流测试方法更能有效地发现软件缺陷。

4.4.2　变异测试

1) 变异测试定义

变异测试 (Mutation Testing) 是一种基于缺陷的软件测试技术，可用于评估和改进测试用例集的测试充分性。具体讲就是人为在代码中注入错误，然后观察现有的测试用例是否能够发现这些错误，如果能够发现，说明测试用例是有效的；如果不能发现，说明测试用例需要进一步完善和补充。

变异测试时，测试人员首先根据被测程序特征设计变异算子 (Mutation Operator)，变异算子一般在符合语法的前提下仅对被测程序作微小改动。然后对被测程序应用变异算子，可生成大量变异体 (Mutant)，在识别出等价变异体 (Equivalent Mutant) 后，若已有的测试用例不能杀除所有非等价变异体，则需要额外设计新的测试用例，并添加到测试用例集中，以提高测试充分性。变异测试除了可用于测试用例集的充分性评估，也可以通过采用变异缺陷来模拟被测软件的真实缺陷，从而对研究人员提出的测试方法的有效性进行辅助评估。

2) 变异测试流程

变异测试的流程如图 4-13 所示。

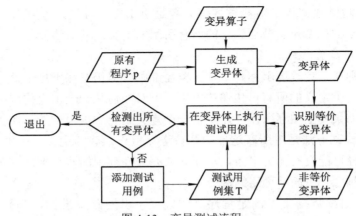

图 4-13　变异测试流程

变异测试的具体过程如下：

步骤 1：对于被测程序 p，设定一个测试用例集 T；

步骤 2：根据被测程序特征设定一系列变异算子；

步骤 3：在原有程序 p 上执行变异算子，生成大量变异体；

步骤 4：从大量变异体中识别出等价变异体，生成非等价变异体；

步骤 5：在非等价变异体上执行测试用例集 T 中的测试用例；

步骤 6：若可以检测出所有非等价变异体，则变异测试分析结束。否则，对于未检测出的变异体，需要额外设计新的测试用例，并添加到测试用例集 T 中，并重复第 (5)、(6) 步。

基于上述传统变异测试分析流程，对其中的基本概念依次定义如下。

定义 4-24：变异算子。

在符合语法规则的前提下，变异算子定义了从原程序生成差别极小程序 (即变异体) 的转换规则。例如：变异算子将 "+" 操作符变异为 "−" 操作符。选择被测程序 p 中的条件表达式 $a+b>c$ 执行该变异算子，将得到条件表达式 $a-b>c$，并生成变异体 p'。

根据执行变异算子的次数，可以将变异体分为一阶变异体和高阶变异体，并分别定义如下。

定义 4-25：一阶变异体。

在原有程序 p 上执行单一变异算子并形成变异体 p'，则称 p' 为 p 的一阶变异体。

定义 4-26：高阶变异体。

在原有程序 p 上依次执行多次变异算子并形成变异体 p'，则称 p' 为 p 的高阶变异体。若在 p 上依次执行 k 次变异算子并形成变异体 p'，则称 p' 为 p 的 k 阶变异体。

例如：

原程序：z = x*y;

变异体 1：z = x/y;

变异体 2：z = x/y*2;

变异体 3：z = 4x/y*2;

变异体 1 是原程序的一阶变异，变异体 2 是变异体 1 的一阶变异，变异体 3 是原程序的高阶变异。

定义 4-27：可杀除变异体。

若存在测试用例集 T，在变异体 p′ 和原有程序 p 上的执行结果不一致，则称该变异体 p′ 相对于测试用例集 T 是可杀除变异体。

定义 4-28：可存活变异体。

若不存在任何测试用例集 T，在变异体 p′ 和原有程序 p 上的执行结果不一致，则称该变异体 p′ 相对于测试用例集 T 是可存活变异体。一部分可存活变异体通过设计新的测试用例可以转化成可杀除变异体，剩余的可存活变异体则可能是等价变异体。

定义 4-29：等价变异体。

若变异体 p′ 与原有程序 p 在语法上存在差异，但在语义上与 p 保持一致，则称 p′ 是 p 的等价变异体。

例如：

```
原程序p:
for (int i = 0; i < 100; i + + ){
    sum + = a[i];
}
变异体p′
for (int i = 0; i! = 100; i + + ){
    sum + = a[i];
}
```

将原程序中的 i＜100 改为 i! = 100，程序执行时其结果是一样的（当 i = 100 时结束循环）。

案例4-4 开源测试代码分析

某程序部分源代码如下：

```
/**
    * 阿拉伯数字(支持正负整数)四舍五入后转换成中文节权位简洁计数单位，例如 -5_5555 =》 -5.56万
    *
    * @param amount 数字
    * @return 中文
    */
public static String formatSimple(long amount) {
    if (amount < 1_0000 && amount > -1_0000) {
        return String.valueOf(amount);
    }
    String res;
    if (amount < 1_0000_0000 && amount > -1_0000_0000) {
        res = NumberUntil.div(amount, 1_0000, 2) + "万";
```

```
        } else if (amount < 1_0000_0000_0000L && amount > -1_0000_0000_0000L) {
            res = NumberUntil.div(amount, 1_0000_0000, 2) + "亿";
        } else {
            res = NumberUntil.div(amount, 1_0000_0000_0000L, 2) + "万亿";
        }
        return res;
    }
```

针对上述程序撰写的测试用例代码如下：

```
@Test
    public void formatSimpleTest() {
        String f1 = NumberChineseFormatter.formatSimple(1_2345);
        Assert.assertEquals("1.23万", f1);
        f1 = NumberChineseFormatter.formatSimple(-5_5555);
        Assert.assertEquals("-5.56万", f1);
        f1 = NumberChineseFormatter.formatSimple(1_2345_6789);
        Assert.assertEquals("1.23亿", f1);
        f1 = NumberChineseFormatter.formatSimple(-5_5555_5555);
        Assert.assertEquals("-5.56亿", f1);
        f1 = NumberChineseFormatter.formatSimple(1_2345_6789_1011L);
        Assert.assertEquals("1.23万亿", f1);
        f1 = NumberChineseFormatter.formatSimple(-5_5555_5555_5555L);
        Assert.assertEquals("-5.56万亿", f1);
        f1 = NumberChineseFormatter.formatSimple(123);
        Assert.assertEquals("123", f1);
        f1 = NumberChineseFormatter.formatSimple(-123);
        Assert.assertEquals("-123", f1);
    }
```

上述代码来源于 Gitee 网站：

https://gitee.com/dromara/hutool/blob/v5-master/hutool-core/src/main/java/cn/hutool/core/convert/NumberChineseFormatter.java(源代码)

https://gitee.com/dromara/hutool/blob/v5-master/hutool-core/src/test/java/cn/hutool/core/convert/NumberChineseFormatterTest.java(测试代码)

案例讨论：

(1) 根据源代码的特点，选择合适的测试方法设计测试用例。

(2) 使用 JUnit 编写测试代码。

(3) 执行测试，记录测试覆盖率和缺陷。

(4) 分析给出的测试用例代码存在的不足。

本 章 小 结

白盒测试是最基本的软件测试技术之一，白盒测试以对覆盖率与路径的测试为基本策略。只有对程序内部十分了解，才能进行适度有效的白盒测试。但是贯穿在程序内部的逻辑存在着不确定性和无穷性，尤其对于大规模复杂软件，独立路径数可能是天文数字。因此我们不能穷举所有的逻辑路径，即使每条路径都测试了仍然可能有错误（穷举不能查出程序逻辑规则错误、数据相关错误和程序遗漏的路径）。

白盒测试方法主要有逻辑覆盖测试、基路径测试、数据流测试、变异测试等。逻辑覆盖测试可由弱到强分为 6 种覆盖：语句覆盖、判定覆盖、条件覆盖、判定–条件覆盖、条件组合覆盖和路径覆盖。把覆盖的路径数压缩到一定限度，就是基路径测试。基路径测试是在程序控制流图的基础上，通过分析控制构造的环路复杂性，导出基本可执行路径集合，从而设计测试用例的方法。

正确使用白盒测试，就要先从代码分析入手，根据不同的代码逻辑规则、语句执行情况，选用适合的测试方法。

白盒测试中，测试方法的选择策略如下：

(1) 在测试中，首先进行静态结构分析；

(2) 采用先静态后动态的组合方式，先进行静态结构分析、代码检查和静态质量度量，然后进行覆盖测试；

(3) 利用静态结构分析的结果，通过代码检查和动态测试的方法对结果进一步确认，使测试工作更为有效；

(4) 覆盖测试是白盒测试的重点，使用基路径测试可达到语句覆盖标准；对于重点模块，应利用多种覆盖标准衡量代码的覆盖率；

(5) 不同测试阶段，侧重点不同。

练 习 题 4

1. 请用逻辑覆盖法对下面的 Java 代码段进行测试。

```java
public char function(int x, int y) {
    char c;
    if (( x >= 90 ) && ( y >= 90 )) {
        t = 'A';
    }
    else {
        if (( x + y ) >= 165 )
            t = 'B';
        else
```

```
        t ='C';
    }
    return t;
}
```

2. 为如图 4-14 所示的流程图设计一组测试用例，要求分别满足语句覆盖、判定覆盖、条件覆盖、判定－条件覆盖、组合覆盖和路径覆盖。

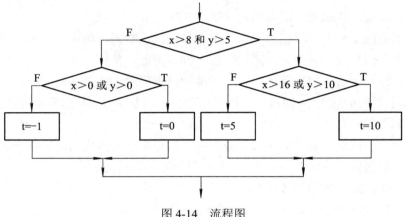

图 4-14　流程图

3. 请用逻辑覆盖和基路径测试方法对下面的 Java 代码进行测试。代码的功能是：用折半查找法在元素呈升序排列的数组中查找值为 key 的元素。

```java
public  int  binSearch ( int array[], int key ) {
    int mid, low, high;
    low = 0;
    high = array.length − 1;
    while ( low <= high ) {
        mid = (low + high)/2;
        if ( key = = array [mid] )
            return mid;
        else if ( key < array [mid] )
            high = mid − 1;
        else
            low = mid + 1
    }
    return − 1;
}
```

4. 以下代码由 Java 语言书写，请按要求回答问题。

```java
public  int  isLeap( int year) {
    if ( year % 4 = = 0 ) {
```

```
        if ( year % 100 = = 0 ) {
            if ( year % 400 = = 0 )
                leap = 1;
            else
                leap = 0;
        }
        else
            leap = 1;
    }
    else
        leap = 0;
    return leap;
}
```

(1) 请画出以上代码的控制流图；

(2) 请计算上述控制流图的圈复杂度 V(G)(独立线性路径数)；

(3) 假设输入的取值范围是 0＜year＜2010，请使用基本路径测试法为变量 year 设计测试用例，使其满足基本路径覆盖的要求。

5. 设计判别一个整数 x(x≥2) 是否为素数的程序，并设计测试用例满足条件覆盖和基本路径覆盖。

6. 某程序的功能是：输入两个正整数，计算这两个数的最大公约数。程序代码如下。

```
public  int  divisor_c (int a, int b){
        if (a<=0||b<=0){
            return 0;
        }
        while(a != b){
            if(a>b)
                a=a-b;
            else
                b=b-a;
        }
        return a;
    }
```

请根据程序内容，完成下列题目。

(1) 根据程序代码绘制控制流图；

(2) 计算控制流图的圈复杂度；

(3) 找出程序独立路径；

(4) 设计测试用例，实现基路径覆盖；

(5) 设计测试用例，实现语句覆盖。

实验 3　白　盒　测　试

1. 实验目的

(1) 能熟练应用白盒测试方法 (逻辑覆盖、基路径测试) 进行测试用例设计；

(2) 能够选择应用合适的测试工具 (如覆盖率工具)；

(3) 能够根据覆盖情况对测试用例进行优化设计。

2. 实验内容

题目一：三角形问题

在三角形计算中，要求输入三角形的三个边长：A、B 和 C。当三边不可能构成三角形时，输出"不构成三角形"；若是等腰三角形，输出"等腰三角形"；若是等边三角形，则输出"等边三角形"；其他输出"普通三角形"。设计测试程序完成下列要求。

题目二：计算生日是星期几

已知公元 1 年 1 月 1 日是星期一。编写一个程序，只要输入年 / 月 / 日，就能输出那天是星期几。设计测试程序完成下列要求。

题目三：铁路运费计算

计算铁路运费时，若收货地点在本省以内，快件每公斤 1.5 元，慢件每公斤 1 元。若收货地点在外省，重量小于或等于 20 公斤，快件每公斤 2 元，慢件每公斤 1 元。若重量大于 20 公斤，超重部分每公斤 0.2 元。根据重量和类型计算铁路运费。

3. 实验工具

Java 编程环境、JUnit 测试工具，EclEmma 覆盖率工具；

4. 实验步骤

(1) 根据题目要求编写程序，实现其功能；

(2) 使用语句覆盖、判定覆盖、条件覆盖、判定－条件覆盖、组合覆盖、路径覆盖、基路径测试方法设计测试用例；

(3) 使用 JUnit 编写测试用例，并采用参数化设置测试多种覆盖；

(4) 执行测试代码，并使用 EclEmma 查看测试覆盖率；

(5) 根据测试结果和测试覆盖率，优化测试用例；

(6) 重新执行测试，记录测试结果。

5. 实验交付成果

(1) 程序源代码；

(2) 测试用例脚本及测试数据；

(3) 实验报告须给出代码覆盖率情况截图，并分析测试用例的优化情况。

6. 实验思考

(1) 针对被测试代码，如何选择合适的白盒测试技术设计测试用例？

(2) 如何兼顾测试效率和测试覆盖率？

第 5 章

单 元 测 试

单元测试 (Unit testing) 是在软件开发过程中所进行的最低级别的测试活动，在单元测试活动中，软件的独立单元测试将在与程序的其他部分相隔离的情况下进行。单元测试活动包括静态代码分析 (Static code analysis) 和动态测试 (Dynamic testing)。

本章将介绍单元测试的相关知识，你将熟悉以下内容：单元测试的定义、目标、意义、内容、策略、方法，最后将通过案例来实践单元测试。

5.1 单元测试概述

早期的测试观点认为，测试是整个开发过程中的最后一块砖，测试是在编码全部完成后的开发活动。软件的质量控制也在此一举。但事实上，未通过测试的代码所遗留的大量错误以及这些错误互相影响产生的缺陷，导致这些代码在 Bug 暴露出来的时候难以修正。这大幅提升了后期测试难度和维护成本，也降低了开发商的竞争力。

让我们类比一下，假设要清洗一台已经完全装配好的正在使用的食物加工机器，经验告诉我们，无论你喷了多少水和清洁剂，一些食物的小碎片还是会粘在机器的死角位置，只有任其腐烂，等以后再想办法。但换个角度来看，如果将这台机器拆开，这些死角也许就不存在或者更容易接触到了，并且每一部分都可以毫不费力地进行清洗。同理，我们在编写程序代码时，虽然会对其反复调试以保证它能够编译通过，但编译只能说明它的语法正确，却无法保证它的语义正确。

为了保证代码在组合或集成之前的正确性，就需要进行测试检查，这就是单元测试。单元测试的工作就是验证这段代码的行为是否与我们期望的一致。实践表明，进行充分的单元测试是提高软件质量、降低开发成本的必由之路。

近些年，单元测试成为最重要的软件质量控制方法之一，这多半要归功于被称为极限编程 (eXtreme Programming，简称 XP) 的轻量级程序开发模型的推动。这种开发模型需要我们为每个功能单元编写单元测试，并且维护这些测试，没有通过单元测试的代码将不能被集成；随着代码量的增加，开发者对系统的质量是有信心的。

5.1.1 单元测试的定义

面对成千上万行代码，我们应该如何进行测试？应该选择怎样的测试对象？这要从单元测试的定义上来找到答案。什么是单元测试？首先我们必须要回答什么是单元 (Unit)。单元是指一个可独立运行的代码段，独立运行是指这个工作不受前一次或接下来的程序运行的结果影响，简单来说，就是不与上下文发生关系。单元的关键特征在于它可以被看成一个很有意义的整体。在一种传统的结构化编程语言中，比如 C 语言，要进行测试的单元一般是函数或子过程。在像 Java、C++ 这样的面向对象的语言中，要进行测试的基本单元可以是类 (Class)，也可以是方法 (Method)。

单元测试是指对软件设计的最小单元的功能、性能、接口和设计约束等的正确性进行检验，主要测试其在语法、格式和逻辑上的错误，并验证程序是否满足规范所要求的功能。通过孤立地测试每个单元，确保每个单元正常工作，这比将单元看作一个更大系统的一个部分更容易发现问题。单元测试的重点是对测试单元内所有重要的控制路径进行测试，以便发现模块内部的错误。在对最小单元的代码进行测试的过程中，我们要面对较多不同的最小单元，且对各单元的测试是单独进行的，所以可以并行、独立地对每个程序单元进行测试工作。

测试方法包括静态测试和动态测试。静态测试不需要运行代码段，而是对代码进行逐行的检测。而动态测试需要运行被测试单元代码，由于被测单元需要调用其他单元，或者会被其他单元调用，可能根本无法单独地独立运行，所以单元测试需要构建相应的测试环境。

单元测试作为代码级的功能测试，目标就是发现代码中的缺陷，测试进行得越早越好。测试主要由和代码开发最密切的人员——程序开发人员来完成，同时也需要单独的测试角色，来进行测试和评审。

5.1.2　单元测试的目标

单元测试的目标主要包含两个方面：一个是查找错误，提高软件质量；另一个是节约成本。

1. 单元测试能更准确、更全面地找到错误，显著提高软件的质量

由于单元测试的对象是独立的单元，测试代码范围小，这就意味着测试更容易接近错误：只要对每个最小单元进行独立测试，就会有准确地找到所有的程序错误的可能，并且使错误更容易被定位和修复。

一种误解认为，不管怎样，集成测试都会抓住所有的 Bug，而无须通过对每行代码的检查来找出 Bug。这种观点对于代码量小的代码也许适用，但对于规模大的程序，如果忽视单元测试，就意味着要面对复杂性极高的集成了。并且在测试之前，开发人员很可能仅仅让软件运行就要花费大量的时间，以至于任何实际的测试方案都无法执行。这都是源于没有事先进行软件的单元测试。

一旦软件可以运行了，开发人员又要面对这样的问题：在考虑软件全局复杂性的前提下对每个单元进行全面的测试。这是一件非常困难的事情，因为在创造一种单元调用的测试条件时，必须要全面地考虑单元被调用时的各种入口参数。在软件集成阶段，对单元功能进行全面测试的复杂程度将远远超过独立进行的单元测试过程。

最终的结果是测试将无法达到它应有的全面性。一些缺陷将被遗漏，并且很多 Bug 将被忽略。

图 5-1 显示了一个 (包含许多单元的) 应用程序的测试模型，即单元测试与系统测试的关系图，大椭圆表示应用程序，小椭圆表示单元，箭头表示用户输入，五角星表示潜在的错误。

为了在集成测试中发现错误，我们往往希望通过不断修改输入，引发单元间的相互作用，从而使某对象引发潜在的错误，但这无疑是有难度的。据此，开发人员只能依赖应用软件的运行失败来发现错误，这样不仅很难找到错误发生的准确位置，而且实际上还有大量的单元没有得到测试。而对应的是，如果直接对每个单元进行测试，这样错误更容易被发现，且由于测试范围小，便于错误的定位和修复。

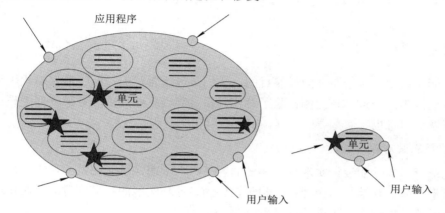

图 5-1　单元测试与系统测试关系图

2. 单元测试能够大幅削减开发时间和成本

从图 5-2 的曲线图中可以看出，缺陷的修复费用在每个阶段都将呈倍数增长，如果缺陷被开发者或者相关人员发现，花费可能是几十、几百元，而如果被用户发现那可能就是上千元了。

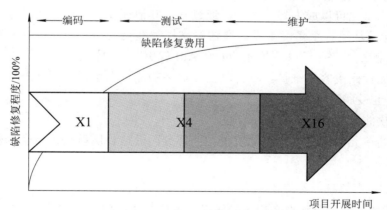

图 5-2　软件缺陷修复费用随时间变化曲线图

由于在较高的层次上修改一个类可能会改变多个程序部件的设计和功能性，因此越迟发现问题，就要修改越多的代码。随着修改代码量的增加，下面两个因素也会随之提高。

(1) 修改每一个错误所需的时间和费用。

(2) 在代码中引入新错误的机会。

研究证明，使用单元测试的优点如下：

(1) 随着问题被检测出来的时间的推迟，发现软件错误所需的时间和成本会惊人地增加。而单元测试由于能够更早地找到错误，就会减少发现错误的时间和资源。

(2) 通过测试一个个单元发现和改正其中的错误，相比在后期重新了解和摸索整个应用程序花费的时间少得多。

(3) 由于单元的相互作用和关联性，在单元级修改一个单元只会影响原始的单元，这样就避免了各个单元间的相互作用所引发的新的错误。因此单元测试能大大削减开发的时间和成本。

5.1.3　单元测试的意义

在单元测试中，对于测试的最终目的，我们是毋庸置疑的，即验证保障代码级的行为是否与我们期望的一致。单元测试除了对代码质量起到重要作用，对于软件的设计实现以及软件开发者自身也有着重要的意义。

1. 单元测试对软件的设计实现的意义

单元测试对软件的设计实现有着重要的意义，一方面，单元测试的最终目标，即保障软件的质量，降低开销，这无疑是有利于软件的设计和实现的；另一方面，在设计开发的过程中单元测试也有着以下重要意义：

(1) 通过单元测试进行分支和覆盖分析，可以加强代码的可测试性，促进代码的重构。

(2) 单元测试能更加清晰地揭示开发中的设计流程。

(3) 反思架构即反思架构是否按照分层开发，业务逻辑是否全部在逻辑层实现（而不是仅在 UI（用户界面）实现）。虽然现在提供了一些从 UI 开始的单元测试工具，但推荐方式或者说单元测试的重点仍然在逻辑层。

(4) 单元测试也可以成为好的例子，通过它，其他开发者可以更清楚地了解如何使用该被测试单元。从另一个角度来看，通常的文档往往会有些过时（相对于程序的实现），所以利用单元测试，来了解被测单元功能和 API 就更有实效性了。

(5) 软件的代码更容易维护。单元测试让更多的测试人员明白程序员写的代码，使得对代码的维护也变得更加容易。

(6) 保证软件项目组人员的良好沟通。

(7) 有效的单元测试是推行全局质量的一部分，而这种质量意识将会为软件开发者带来无限的商机。

2. 单元测试对软件开发者的意义

单元测试的目标是寻找自身程序的错误。无论是通过代码走查、代码审查，还是通过动态的功能测试或者逻辑测试，单元测试无疑会给软件开发者带来大量的工作量。在心理上也会使其产生一定的压力，特别是对于新进的程序开发人员来说。但事实上，单元测试对开发人员而言是有很多实际意义的：

(1) 单元测试可以帮助程序开发者更清晰地认识设计规格书中所要求的功能。

(2) 单元测试有利于锻炼程序开发人员的逻辑思维能力、代码静态分析技能。

(3) 单元测试促进代码编写标准的统一。

(4) 单元测试过程中，代码审阅能让团队中的每个人参与除日常接触部分以外的其他领域。

(5) 单元测试过程中，代码审阅可以给团队提供一个学习的机会。

5.1.4 单元测试的内容

单元测试的内容很多，需要通过各种测试方法来找到错误，通过不断的总结形成检查列表 (Checklist)。通过单元测试帮助开发人员形成良好的编程风格，提高源程序的可读性和可维护性，降低出错的概率。同时也可以使测试更加全面。目前，一些自动化测试工具也将自动化代码规范检查纳入其任务中，从而使开发人员和测试人员从枯燥的任务中解脱出来。下面给出单元测试的一些内容，如表 5-1 所示。

表 5-1 单元测试任务检查列表

测 试 任 务	检 查 列 表
模块接口测试： 检查模块接口是否正确	① 输入的实际参数与形式参数是否一致。 ② 调用其他模块的实际参数与被调模块的形式参数是否一致。 ③ 全程变量的定义在各模块是否一致。 ④ 外部输入、输出。 ⑤ 其他
模块局部数据结构测试： 检查局部数据结构完整性	① 不适合或不相容的类型说明。 ② 变量无初值。 ③ 变量初始化或默认值有误。 ④ 不正确的变量名或其从来未被使用过。 ⑤ 出现上溢或下溢和地址异常。 ⑥ 其他
模块边界条件测试： 检查边界数据处理的正确性	① 普通合法数据的处理。 ② 普通非法数据的处理。 ③ 边界值内合法边界数据的处理。 ④ 边界值外非法边界数据的处理。 ⑤ 其他
模块独立执行通路测试： 检查每一条独立执行路径，保证每条语句被至少执行一次	① 算符优先级。 ② 混合类型运算。 ③ 精度不够。 ④ 表达式符号。 ⑤ 循环条件，死循环。 ⑥ 其他
模块的各条错误处理通路测试： 预见、预设的各种出错处理是否正确有效	① 输出的出错信息难以理解。 ② 记录的错误与实际不相符。 ③ 程序定义出错处理前，系统已介入。 ④ 异常处理不当。 ⑤ 未提供足够的定位出错的信息。 ⑥ 其他

5.2　单元测试的策略与方法

单元测试的策略可以归结为静态测试和动态测试。静态测试不要求运行代码，单元的静态测试主要指静态代码分析，而单元功能测试和结构测试则是指动态测试。动态测试是相对于静态测试而言的，它要求在测试过程中，被测试对象必须通过编译并且被运行。动态测试通过观察软件运行时的动作来提供执行跟踪、时间分析以及测试覆盖度方面的信息。

5.2.1　静态测试

静态测试即静态代码分析，是最常用的单元测试方法。它是不需要在计算机上执行程序的测试，测试对象是软件的静态属性。静态测试包括代码走读(Code Walkthrough)、代码审查(Code Inspection)、代码评审(Code Review)。

代码走读是一种非正式的交叉检查，就是自己的代码由他人来检查。代码审查是正式的、面对面的审查，以会议的形式展开，大家根据缺陷检查表共同审核代码的质量。代码评审通常在审查会后进行，审查小组根据记录和报告进行评估。根据目的的不同，静态代码分析可以分为三个层次，这三个层次可以按照从简单到复杂的顺序进行，具体要完成以下内容。

1. 检查是否符合编程规范

编程规范融合并提炼了许多人多年开发编程语言程序积累下来的成熟经验，帮助编程者形成良好的编程风格，提高源程序的可读性和可维护性，降低出错的概率，使静态代码分析迅速跨入业已存在且具有相当高度的技术层次，为提高代码的复用性提供积极的参考。

编码规范是程序编写过程中必须遵循的规则。编码规范一般会详细规定代码的语法规则、语法格式等。企业实施怎样的编码规范，取决于很多个因素：

(1) 编程采用的语言，例如 C/C++、Java、C#、JavaScript 等。

(2) 项目的规范化程度。目前现成的 C/C++ 编码规范有很多，例如网络上比较流行的《华为公司编程规范》《摩托罗拉 C++ 编程规范》等。但不能完全照搬，应该根据软件自身特点定制属于自己的规范，否则会让程序员无所适从，严重打击程序员的工作积极性。

(3) 行业。不同行业对软件的可靠性有不同的要求，例如航空 / 航天的嵌入式软件对代码的要求很高，而传统的 Windows 平台应用软件要求则相对宽松。

代码规范是开发过程的"道德"而非"法律"，但规范的编码非常重要，而今，许多软件公司已经将编码规范检查纳入了程序开发人员的考核内容。但是在紧张的工作中，完全单靠程序员个人，即让其坚持彻底地执行规范无疑是很难的。所以在实际的工程实践中，可以借助一些专业的工具来时时约束和规范编程人员的工作，如：CheckStyle 等。下面通过一个例子来说明。

```java
package testSample;
public class StyleSample {
    int year,month,day;
    void setDate(int i,int j,int k)
    {
        year = i;
        month =j;
        day = k;
    }
    void printDate()
    {
        System.out.println("year="+year+",month="+month+",day="+day);
    }
}
```

上面是一个 Java 代码，该代码仅有 13 行，但若采用较严格的 SUN 规范检查，会有 41 个不规范的地方，如表 5-2 所示。

表 5-2　规范检查结果

非 法 类 型	非法个数
行中含有 tab 字符	11
'X' 后面不能有空格	10
'X' 前面不能有空格	5
缺少注释	4
参数 X 应该设置为 final	3
变量 'X' 必须是 private，并且含有访问方法	3
方法 'X' 没有设置为可以扩展的类型时，应该声明成 abstract、final 或者 empty	2
'X' 应该在前面一行	2
命名不规范	1

在实际工程中，代码的书写涉及的规范检查还有很多。代码规范检查除了使代码美观、可读、易于维护外，它还可以帮助程序员避免很多错误。当然对于部分规范要求也不是都需要严格遵循的，可以根据自身公司、项目的要求进行削减。

通过规范书写，可以通过工具实现代码文档化 (如图 5-3 所示，这是使用 StyleSample 为 JavaDoc 生成的 Java 文档)，减少了开发人员对文档的撰写量以及文档和代码的不一致现象。

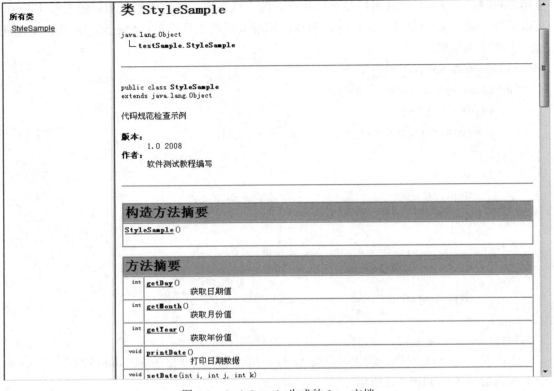

图 5-3   StyleSample 生成的 Java 文档

2. 快速理解源代码，找出流程设计中的问题

静态代码测试中，可以通过阅读源代码来快速理解源代码，找出流程设计中的问题。当然阅读源代码是大多数人不愿意、而有时又不得不去做的事，比如：为了修复、检查或改进现存的代码，都必须去阅读相关的源代码。静态测试中阅读源代码是为了了解程序是如何工作的，分析其内部结构，发现其中是否存在错误。阅读源代码关注的重点如下：

(1) 资源是否释放；

(2) 数据结构是否完整和正确；

(3) 是否有死代码和死循环；

(4) 代码本身是否存在明显的效率和性能问题；

(5) 代码中方法、类和函数的划分是否清晰、易理解；

(6) 代码本身是否健壮，是否有完善的异常处理和错误处理。

3. 对原有代码的重构

重构是指在不破坏可观察功能的前提下，借由搬移、提炼、打散、凝聚，改善事物的本质、强化当前的可读性、为将来的扩充性和维护性作准备，最终在该过程中找出潜在的Bug。为此，我们必须理解旧代码，设计新的代码实现、研究新的代码实现对相关代码造成的影响并实施更改，所以重构一定是在快速理解旧代码的基础上实现的。

重构在现代软件开发过程中扮演着重要的角色，它能够减轻软件开发人员的工作负担，提高软件开发的生产效率。在这里引用 developerWorks 上 David Carew 提供的关于重构的教程中的一段话：一个开发者的工作大部分在于对现有的代码进行修改，而不是起草撰写新的代码。简单的修改可能包括对现有代码进行添加。然而，多样化的修改或扩展的改变会使软件内部结构开始恶化。重构可改变软件的内部结构，从而使软件更容易理解，并且在不需要有显著的修改行为的情况下使修改的代价更小。

5.2.2 动态测试

单元中的静态测试是不需要运行代码的，所以无需搭建测试环境。而单元的动态测试中，由于一个模块或一个方法并不是一个独立的程序，所以在测试该模块或方法时要同时考虑其和外界的联系，因而要用到一些辅助模块来模拟与所测模块相联系的其他模块，这就需要在测试之前搭建相应的测试环境。

首先我们要分析一下单元在程序中所处的位置。如图 5-4 所示，一方面，被测试单元可能需要调用单位作为功能单元；另一方面，被测试单元可能并非程序的顶层单元，它运行时会被主调单元调用。

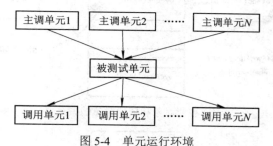

图 5-4　单元运行环境

如果要让被测试单元运行起来，就需要设计程序来驱动被测试单元，以及设计一些模块来供被测试单元调用。一般把这些辅助模块分为两种：

(1) 驱动模块 (Driver)：相当于所测模块的主程序。

(2) 桩模块 (Stub)：用于代替所测模块调用的子模块。

另外，在该环境中需要将测试用例的输入数据赋值到测试环境中，最后将测试输出与测试用例的输入进行对比，判定测试的通过情况。总的来说，执行一个单元测试需要通过三个步骤才能完成：模拟输入→执行单元→检查验证输出。具体的环境如图 5-5 所示。

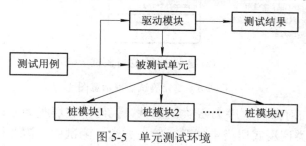

图 5-5　单元测试环境

在面向过程和面向对象的程序设计中，驱动模块和桩模块在实现的过程中存在一定的差异，具体差异如表 5-3 所示。

表 5-3　桩和驱动在面向对象与面向过程的程序设计中的对比

	面向对象的程序设计	面向过程的程序设计
驱动模块	作为带有可以直接执行函数的类，被用来创建被测试类的对象，并被用来调用被测试类的方法	作为可以直接执行的函数，且被用来调用被测试函数
桩模块	桩为对象，是模拟的被调用方法的对象 (mock object)，如图 5-6 所示	桩为方法，是模拟的被调用方法

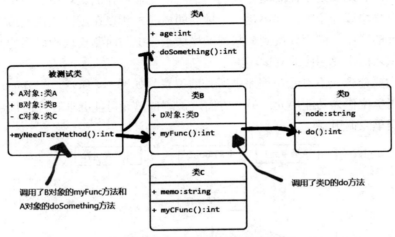

(a) 被测对象和依赖对象的关系

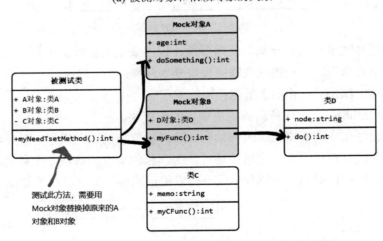

(b) 建立桩对象进行测试

图 5-6　单元测试插桩示意图

下面是一个面向对象的程序 Java 类的测试。代码中底层类为 UserService，上层类为 UserManager。上层类调用底层类中的登录验证方法。测试中，需要模拟的为 UserService 对象。测试桩采用 Mock 工具 Mockito，通过对象完成 UserManager 的方法测试，并通过注解进行插桩。测试代码如下：

```java
/**
 *  用户实体类
 * @author Administrator
 *
 */
class User {
    private String username;
    private String password;

    //其他用户管理操作方法(略)
    User(String username, String password) {
        this.username = username;
        this.password = password;
    }

    public boolean isMe(String username, String password) {
        if ((this.username == username) && (this.password == password)) {
            return true;
        }
        return false;
    }
}
import java.util.ArrayList;
/**
 *  用户服务类，管理用户数据
 * @author Administrator
 *
 */

public class UserService {
    private static ArrayList<User>userList = new ArrayList<User>();

    static {
        for (int i = 0; i < 10; i++) {
            UserService.userList.add(new User("user" + Integer.
            toString(i), "password" + Integer.toString(i)));
        }
    }
```

```
        public boolean login(String username, String password) {

            for (User user : UserService.userList) {
                if (user.isMe(username, password)) {
                    return true;
                }
            }
            return false;
        }
        //其他用户管理操作方法(略)


}
/**
 * 用户管理类，接收用户登录、增加、查询、修改、删除的操作。
 * @author Administrator
 *
 */
public class UserManager {
    private UserService userService = new UserService();
    public String login(String username, String password) {
        if ((username == null) || (password == null) || (username.trim().equals("")) || (password.equals("")) )
            return "用户名或密码不能为空";

        username = username.trim();
        password = password.trim();
        if ((username.length()> 10) ||(username.length() < 5) )
            return "用户名长度应该在5到10位";

        if ((password.length()> 10) ||(password.length() < 5) )
            return "密码长度应该在5到10位";

    if( userService.login(username, password)) {
        return "登录成功";
        }else
        {
        return "密码错误或用户不存在，登录失败";
        }
    }
    //其他用户管理操作方法(略)
```

```
        }

//用户管理测试类
import static org.junit.jupiter.api.Assertions.*;

import org.junit.jupiter.api.Assertions;
import org.junit.jupiter.api.BeforeEach;
import org.junit.jupiter.api.Test;
import org.mockito.InjectMocks;
import org.mockito.Mock;
import org.mockito.Mockito;
import org.mockito.MockitoAnnotations;

class UserManagerTest {
    //Mock对象
    @Mock
    UserService userService;
    //测试对象，被注入对象
    @InjectMocks
    UserManager testObj = new UserManager();

    @BeforeEach
    public void setUp() throws Exception {
//初始化Mockito注解
        MockitoAnnotations.initMocks(this);
    }

    @Test
    void testLogin() {
        String username = "user0";
        String psw = "password";
        Mockito.when(userService.login(username, psw)).thenReturn(true);
        String act = testObj.login(username, psw);
        Assertions.assertEquals("登录成功", act);
        Mockito.verify(userService).login(username, psw);
    }

}
```

　　通过覆盖率测试执行，可以看出 UserService 中的 login 方法并没有被执行 (如图 5-7 所示)，而是通过 "Mockito.when(userService.login(username, psw)).thenReturn(true)" 模拟被替代了，同时通过 "Mockito.verify(userService).login(username, psw);" 语句验证，mock 的 login 方法被执行了。

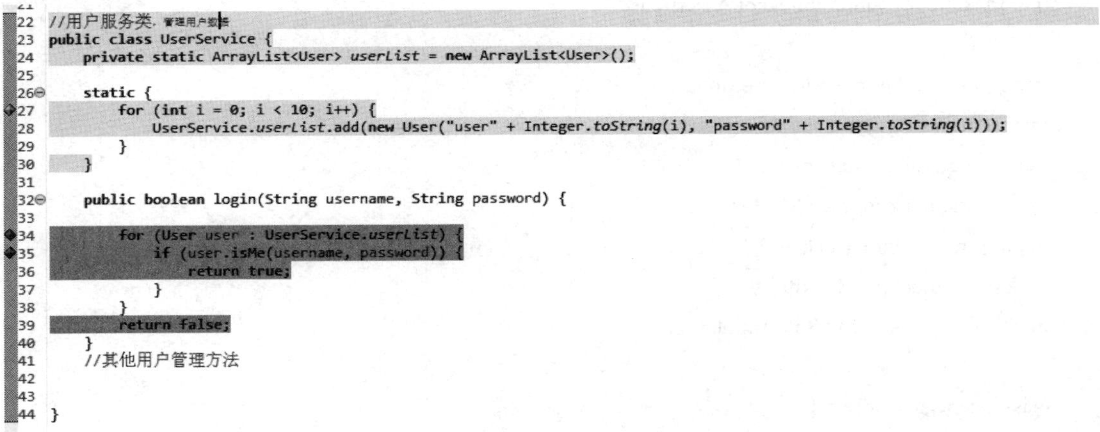

```
21
22  //用户服务类. 管理用户信息
23  public class UserService {
24      private static ArrayList<User> userList = new ArrayList<User>();
25
26      static {
27          for (int i = 0; i < 10; i++) {
28              UserService.userList.add(new User("user" + Integer.toString(i), "password" + Integer.toString(i)));
29          }
30      }
31
32      public boolean login(String username, String password) {
33
34          for (User user : UserService.userList) {
35              if (user.isMe(username, password)) {
36                  return true;
37              }
38          }
39          return false;
40      }
41      //其他用户管理方法
42
43
44  }
```

图 5-7　单元测试插桩执行示意图

　　单元结构测试关注的是代码内部的执行情况，关注代码执行的覆盖率，主要采用白盒测试。其具体的方法在前面章节中已经进行了较为详细的论述。如基于逻辑覆盖的测试、基路径测试、数据流测试等。在单元结构测试用例的设计过程中，其用例输入针对被测试函数的输入参数和全局变量两个部分。在测试用例输入数据的构造中，主要依据完整地覆盖单元本身的执行路径来进行设计，不同的执行路径需要设计不同的测试输入数据，包含函数的输入、成员变量，以及全局变量或静态成员变量。同理，测试用例预期输出结果涉及被测试函数的返回值、成员变量，以及全局变量或静态成员变量的断言。最终通过多组测试用例的测试，以达到代码的高覆盖率测试要求。

　　针对上面的例子，执行 UserManagerTest 测试用例，我们发现对于 UserManager 类大量的独立路径并没有覆盖到，覆盖情况如图 5-8 所示，仅达到 40%。

UserManagerTest (2023-7-22 16:58:55)

Element	Coverage	Covered Complexity	Missed Complexity	Total Complexity
⌄ 🗁	8.0 %	9	103	112
⌄ 🗁 src/main/java	7.1 %	6	79	85
⌄ ⊞ unit.test.demo	15.0 %	6	34	40
> 🗋 DateUtils.java	0.0 %	0	19	19
⌄ 🗋 UserManager.java	18.2 %	2	9	11
> ⊙ UserManager	18.2 %	2	9	11
> 🗋 UserService.java	40.0 %	4	6	10

图 5-8　部分覆盖测试数据 1

　　所以根据基路径测试方法，需要设计更多的测试用例来达到更高的覆盖率。我们可以设计与数据格式验证相关的测试用例。代码如下：

```
class UserManagerTest {
```

```java
@Mock
UserService userService;

@InjectMocks
UserManager testObj = new UserManager();

@BeforeEach
public void setUp() throws Exception {
    MockitoAnnotations.initMocks(this);
}

@Test
void testLoginOk() {
    String username = "user0";
    String psw = "password";
    Mockito.when(userService.login(username, psw)).thenReturn(true);
    String act = testObj.login(username, psw);
    Assertions.assertEquals("登录成功", act);
    Mockito.verify(userService).login(username, psw);
}

@Test
void testLoginFail() {
    String username = "user0";
    String psw = "passw";
    Mockito.when(userService.login(username, psw)).thenReturn(false);
    String act = testObj.login(username, psw);
    Assertions.assertEquals("密码错误或用户不存在，登录失败", act);
    Mockito.verify(userService).login(username, psw);
}

@ParameterizedTest
@CsvSource({ ",eedfese", "",eedfese", "aaa, ", "aaa," ", })

void testLoginByNull(String username, String psw) {
    System.out.println(username);
```

```
        System.out.println(psw);
        String act = testObj.login(username, psw);
        Assertions.assertEquals("用户名或密码不能为空", act);
    }


    @ParameterizedTest
    @CsvSource({ "aaa,eedfese", "aaaaaaaaaaaaaa,ss", })
    void testLoginByUsernameLenth(String username, String psw) {


        String act = testObj.login(username, psw);
        Assertions.assertEquals("用户名长度应该在5到10位", act);
    }


    @ParameterizedTest
    @CsvSource({ "aaa22,ee", "aaa666,sssssssssssssssss", })
    void testLoginByPswLenth(String username, String psw) {
        String act = testObj.login(username, psw);
        Assertions.assertEquals("密码长度应该在5到10位", act);
    }


}
```

执行新修改的测试代码，覆盖率得到极大的提升，执行情况如图 5-9 所示，可以看出
UserManager 的覆盖率已经达到 100%。

Element	Coverage		Covered Complexity	Missed Complexity	Total Complexity
∨ 📁 experment3		19.0 %	22	94	116
∨ 📁 src/main/java		17.6 %	15	70	85
∨ 🏷 unit.test.demo		37.5 %	15	25	40
› 📄 DateUtils.java		0.0 %	0	19	19
› 📄 UserService.java		40.0 %	4	6	10
∨ 📄 UserManager.java		100.0 %	11	0	11
› ⊙ UserManager		100.0 %	11	0	11

UserManagerTest (2023-7-22 17:06:00)

图 5-9　部分覆盖测试数据 2

在面向对象的单元测试过程中，单元测试的重要特性——继承，也会对测试产生影响，
继承层次结构中类测试的测试用例可以采用如下增补原则：

(1) 如果子类新增了一个或者多个新的操作，就需要增加相应的测试用例。

(2) 如果子类定义的同名方法覆盖了父类的方法，就需要增加相应的测试用例。

如图 5-10 所示的继承派生关系中，Class_A 为基类，派生了 Class_B，最后又派生了
Class_C；Class_B 派生了新方法 operation3()，Class_C 重写了 operation2() 和 operation3()。

测试时，则可以按照表 5-4 所示的方式开展。

图 5-10 继承派生关系示意图

表 5-4 继承派生测试用例的编写示意

类	继承类	类方法	是否改变	是否增加测试用例
Class_A		operation1()		
		operation2()		
Class_B	Class_A	operation1()	FALSE	FALSE
		operation2()	FALSE	FALSE
		operation3()	TRUE	TRUE
Class_C	Class_B	operation1()	FALSE	FALSE
		operation2()	TRUE	TRUE
		operation3()	TRUE	TRUE

另外，还有两个特殊的类在测试时需要特殊处理。它们分别是接口类和抽象类。

1) 接口类的测试方法

接口不存在任何构造方法，因此无法被实例化 (即不能创建对象)。但接口一定会在某个类中实现，因此使用一个实现接口的类来做测试，并遵循以下原则：

(1) 如果接口没有被任何类实现，就无需进行测试。

(2) 如果接口已被别的类实现，那么就针对实现该接口的类进行测试。

2) 抽象类的测试方法

抽象类是不能被实例化的，所以仍然不能被直接测试，但相对于接口类，却有实现抽象类测试的方法。测试时，抽象类只能在被继承后，对其派生的非抽象类进行测试。测试时，需要测试实现抽象类测试的抽象方法，同时也要测试继承来自抽象类的非虚函数。

5.3 单元测试工具

单元测试工具分为静态 (单元) 测试工具及动态 (单元) 测试工具，这些工具和开发语言紧密关联，且与开发工具同步使用 (它们以插件方式存在于 IDE(集成开发环境) 工具中)，下面分别介绍。

1. 静态测试

常见的静态测试工具如表 5-5 所示。同时，为适应不同的开发团队和项目，这些静态测试工具具有以下特性：

(1) 提供用户自定义检查规则的制定方法；

(2) 提供检查报告输出；

(3) 提供持续集成工具调用接口。

表 5-5　部分常见的静态测试工具

语　言	工　具	说明及官方网站
C++、C	CppCheck	C/C++ 代码缺陷静态检查工具，不同于 C/C++ 编译器及其他分析工具，Cppcheck 只检查编译器检查不出来的 Bug，不检查语法错误 http://cppcheck.net/
	CppLint	Google 开发的一个 C++ 代码风格检查工具 https://github.com/cpplint
Java	checkStyle	Java 代码规范检测工具 https://checkstyle.sourceforge.io/
	findBugs	Java 静态 Bug 检测工具 http://findbugs.sourceforge.net/
	Alibaba P3C	阿里静态测试工具 https://github.com/alibaba/p3c
	PMD	Java 静态代码分析工具 https://pmd.github.io/
C#	StyleCop	微软的一个开源的静态代码分析工具，集成于 Visual Studio IDE 工具中 https://github.com/StyleCop
Python	PyChecker	代码分析工具 http://pychecker.sourceforge.net/
	Pylint	静态代码分析工具 https://www.pylint.org/
JavaScript	ESLint	代码检测工具 https://eslint.org/
	flow	静态类型检查工具 https://flow.org/
	Prettier	统一代码规范 https://prettier.io/
HTML	HTMLHint	静态代码检查 https://htmlhint.com/
CSS/SCSS	StyleLint	静态代码检查 https://stylelint.io/
Java	Jupiter	评审工具，Eclipse 插件

通过静态测试后，可以通过文档生成工具将规范的代码生成美观、方便查阅的文档。这一步也是必不可少的，表 5-6 所示为常用的文档生成工具。

表 5-6　部分常见的文档生成工具

工　具	语　言	说明及官方网站
javaDoc	Java	文档生成工具，JDK 内置该工具
Sandcastle	C#	微软官方的文档生成工具 https://github.com/EWSoftware/SHFB/releases
sphinx	Python	文档生成工具 www.sphinx-doc.org
pydoc	Python	Python 内置文档生成工具
Doxygen	C、C++、Java、Objective-C 和 IDL 语言，部分支持 PHP、C#	文档生成工具，可以结合 graphviz 工具绘制代码相关的设计图形，如类图、调用关系图等 https://www.doxygen.nl/
jsdoc	JavaScript	API 文档生成器 https://github.com/jsdoc/jsdoc

2. 动态测试

动态测试工具如表 5-7 所示，一般具有以下特性：

(1) 测试覆盖率工具与单元测试框架兼容。

(2) Mock 工具和测试覆盖率工具、单元测试框架兼容。

(3) 单元测试框架输出测试报告。

(4) 覆盖率工具输出覆盖率测试报告。

(5) 单元测试框架提供持续集成工具调用接口。

(6) 覆盖率测试工具提供持续集成工具调用接口。

表 5-7　部分常用的开源的单元测试工具

语　言	工　具	官方网站及简要说明
Java 的单元测试框架	JUnit	https://junit.org/junit5/
	TestNG	https://testng.org/doc/
Java 的覆盖率工具	JaCoco	https://www.eclemma.org/jacoco/
	EclEmma	https://www.eclemma.org
Java 的 Mock 工具	Mockito	https://github.com/mockito/mockito
	PowerMock	https://github.com/powermock/powermock
	jMock	http://jmock.org/
	EasyMock	https://easymock.org/
C++/C 的单元测试框架	GTest	http://gtest.net/
	CppUnit	https://github.com/Cppunit/cppunit
	Boost.Test	https://www.boost.org/
	Catch2	https://github.com/catchorg/Catch2
	Doctest	https://github.com/doctest/doctest

语　言	工　具	官方网站及简要说明
C++ 的 Mock 工具	gmock	https://github.com/google/googletest/tree/master/googlemock
C/C++ 的覆盖率工具	lcov	内置于 GCC
	Gcov	Gcov 图形化的前端工具
C# 的单元测试工具	xUnit	https://github.com/xunit/xunit
	NUnit	http://www.nunit.org
C# 的覆盖率工具	VSInstr	VisualStudio 内置覆盖率工具
	OpenCover	https://github.com/sawilde/opencover
C# 的 Mock 工具	NMock	http://nmock.org/
	Moq	https://github.com/moq/moq4
Python 的单元测试工具	Unittest	python 内置
	Pytest	www.pytest.org/
Python 的覆盖率工具	coverage.py	https://github.com/nedbat/coveragepy
Python 的 Mock 工具	Mock	https://mock.readthedocs.io/en/latest/
Javascript 的单元测试框架	Mocha	https://mochajs.org/
	chai	单元测试断言库 https://github.com/chaijs/chai
	Karma	测试执行过程管理工具 https://github.com/karma-runner/karma/
	Jest	https://www.jestjs.cn/
	Jasmine	https://github.com/jasmine/jasmine
Javascript 的覆盖率工具	Istanbul	https://istanbul.js.org/
	JSCover	https://github.com/tntim96/JSCover
Javascript 的 Mock 工具	Jest	单元测试框架自带 Mock 功能 https://www.jestjs.cn/

案例5-1　源代码静态分析

下面是开源项目 (https://gitee.com/y_project/RuoYi-Vue) 的一段代码，请检查并讨论代码编写中出现的规范性问题。

代码段地址：

https://gitee.com/y_project/RuoYi-Vue/blob/master/ruoyi-common/src/main/java/com/ruoyi/common/utils/DateUtils.java

```
/**
 * 时间工具类
 *
 * @author ruoyi
 */
public class DateUntils extends org.apache.commons.lang3.time.DateUntils
{
    // 上面省略掉部分方法

    /**
     * 计算时间差
     *
     * @param endDate 最后时间
     * @param startTime 开始时间
     * @return 时间差(天/小时/分钟)
     */
    public static String timeDistance(Date endDate, Date startTime)
    {
        long nd = 1000 * 24 * 60 * 60;
        long nh = 1000 * 60 * 60;
        long nm = 1000 * 60;
        // long ns = 1000;
        // 获得两个时间的毫秒时间差异
        long diff = endDate.getTime() - startTime.getTime();
        // 计算差多少天
        long day = diff / nd;
        // 计算差多少小时
        long hour = diff % nd / nh;
        // 计算差多少分钟
        long min = diff % nd % nh / nm;
        // 计算差多少秒//输出结果
        // long sec = diff % nd % nh % nm / ns;
        return day + "天" + hour + "小时" + min + "分钟";
    }
    // 下面省略掉部分方法
}
```

案例问题:

根据阿里的代码规范要求,尝试分析存在哪些代码规范错误。可以从以下几个方面分析：

(1) 文件注释信息不完整；

(2) 方法注释不规范；

(3) 成员注释不规范；

(4) 代码函数过长；

(5) 代码圈复杂度过高。

小组活动：

建立 Java 项目，将上面的代码导入项目。在 IDE(如 eclipse、jetbrains idea) 开发工具中安装 P3C 插件，检查代码中的问题，并对比自己的分析，根据错误提示尝试修改。

案例5-2　源代码单元测试分析

下面给出两段代码，分别是 Java 和 C/C++ 开发的语言项目。

1. 下面代码来源于开源项目 FastJson(https://gitee.com/wenshao/fastjson)。FastJson 是一个性能很好的 Java 语言实现的 JSON 解析器和生成器，由阿里的工程师开发。这段代码是对 JsonObject 的静态方法的测试。

代码段地址：

https://gitee.com/wenshao/fastjson/blob/master/src/test/java/com/alibaba/fastjson/deserializer/IgnoreTypeDeserializer.java

```java
package com.alibaba.fastjson.deserializer;

import com.alibaba.fastjson.JSONException;
import com.alibaba.fastjson.JSONObject;
import com.alibaba.fastjson.parser.Feature;

import com.alibaba.fastjson.parser.ParserConfig;
import org.junit.After;
import org.junit.Assert;
import org.junit.Before;
import org.junit.Test;

/**
 * Created by jiangyu on 2017-03-03 11:33.
 */
public class IgnoreTypeDeserializer {
```

```java
    @Before
public void before() {
        ParserConfig.global.setAutoTypeSupport(true);
    }


    @After
public void after() {
        ParserConfig.global.setAutoTypeSupport(false);
    }


    @Test(expected = JSONException.class)
public void parseObjectWithNotExistTypeThrowException() {
        String s = "{\"@type\":\"com.alibaba.fastjson.ValueBean\",\"val\":1}";
        JSONObject.parseObject(s, ValueBean.class);
    }


    @Test
public void parseObjectWithNotExistType() {
        String s = "{\"@type\":\"com.alibaba.fastjson.ValueBean\",\"val\":1}";
        ValueBean v = JSONObject.parseObject(s, ValueBean.class, Feature.IgnoreAutoType);
        Assert.assertNotNull(v);
        Assert.assertEquals(new Integer(1), v.getVal());
    }


    @Test
public void parseWithNotExistType() {
        String s = "{\"@type\":\"com.alibaba.fastjson.ValueBean\",\"val\":1}";
        Object object = JSONObject.parse(s);
        Assert.assertNotNull(object);
        Assert.assertTrue(object instanceof JSONObject);
        Assert.assertEquals(new Integer(1), JSONObject.class.cast(object).getInteger("val"));
    }


    @Test
public void parseWithExistType() {
        String s = "{\"@type\":\"com.alibaba.fastjson.deserializer.ValueBean\",\"val\":1}";
        Object object = JSONObject.parse(s);
        Assert.assertNotNull(object);
```

```
        Assert.assertTrue(object instanceof ValueBean);
        Assert.assertEquals(new Integer(1), ValueBean.class.cast(object).getVal());
    }


    @Test
public void parseObjectWithExistType() {
        String s = "{\"@type\":\"com.alibaba.fastjson.deserializer.ValueBean\",\"val\":1}";
        ValueBean object = JSONObject.parseObject(s, ValueBean.class);
        Assert.assertNotNull(object);
        Assert.assertEquals(new Integer(1), object.getVal());
    }


}
```

    2. 下面代码来自开源国产网络库 (https://gitee.com/libhv/libhv)，该开源程序对 ping 的方法测试如下。

    该代码段地址：

    https://gitee.com/libhv/libhv/blob/master/unittest/ping_test.c

```
#include <stdio.h>
#include "icmp.h"
#include "hplatform.h"

int main(int argc, char* argv[]) {
    if (argc < 2) {
        printf("Usage: ping host|ip\n");
        return -10;
    }


    char* host = argv[1];
    int ping_cnt = 4;
    int ok_cnt = ping(host, ping_cnt);
    printf("ping %d count, %d ok.\n", ping_cnt, ok_cnt);
    return 0;
}
```

案例问题：

1. 对比两种语言的测试脚本，讨论这个测试代码有哪些优点和缺点。

2. 讨论 FastJson 的测试代码有哪些地方值得我们学习。重点可以从以下两个方面讨论：

(1) 代码命名是否规范，是否可以从命名上可以看出测试要点。

(2) 每个测试用例有多处断言, 这样的方式是否可以充分测试各个数据。

本 章 小 结

单元测试是指对软件设计的最小单元进行功能、性能、接口和设计约束等的正确性检验工作, 主要测试单元在语法、格式和逻辑上的错误。单元测试是验证程序是否符合规范所要求的功能的最具有实践意义的方法。

单元测试包括静态测试和动态测试。静态测试是不需要在计算机上执行程序的测试, 测试对象是软件的静态属性。其包括代码走读、代码审查、代码评审。动态测试需要设计驱动模块和桩模块, 用于保证被测试单元在测试时独立运行, 即不受其上下文程序运行的影响。

单元测试是控制软件质量的重要方法之一。无论对软件质量控制还是软件开发者来说, 单元测试都有极其重要的现实意义。

练 习 题 5

1. 对单元测试中的单元描述正确的是 _____。

(A) 单元是指一个可独立运行的代码段, 独立运行是指这个工作不受前一次或接下来的程序运行结果的影响

(B) 面向过程的测试指对函数或子过程的测试

(C) 面向对象的测试指对类或类的方法的测试

(D) 面向对象的测试指对成员属性的测试

2. 关于单元测试的描述中正确的是 _____。

(A) 单元测试是对软件基本组成单元进行的测试

(B) 单元测试是从程序的内部结构出发来进行的, 多采用白盒测试 (结构性测试) 技术

(C) 单元测试是软件开发过程中进行的最低级别的测试活动, 测试进行得越早越好

(D) 测试工作主要由程序开发人员进行自测和互测, 同时还需要单独的测试人员来进行测试和评审

3. 单元测试中驱动模块 (Driver) 的作用是 _____。

(A) 调用被测试单元

(B) 接收测试数据, 并把数据传送给被测试单元

(C) 给出测试结果

(D) 调用被测试单元

4. 单元测试有哪些步骤, 各个步骤有哪些实施内容?

5. 简述单元测试的目标和意义。

6. 将下面的排序程序修改为起泡排序程序。

```
public void bubbleSort(){
for (int i = arr.length; --i >= 0;){
for (int j = 0; j < i; j++ ) {
if (arr[j] > arr[j + 1]) {
int t = arr[j];
                        arr[j] = arr[j + 1];
                        arr[j + 1] = t;
                    }
                    pause( i,j);
            }
        }
}
```

熟读程序，并对其进行单元测试。要求完成以下工作：

(1) 代码规范检查和逻辑结构检查；

(2) 基路径覆盖测试；

(3) 循环覆盖测试；

(4) 等价类测试；

(5) 特殊值测试。

测试后，针对缺陷，对代码进行修复，并在修复后进行回归测试。

实验 4　单 元 测 试

1. 实验目的

(1) 能够应用插桩、Mock 等技术开展面向对象的单元测试。

(2) 对比不同的 Mock 框架工具，能够应用 Mockito 模拟被调用对象，编写测试代码，执行并分析测试结果，优化测试用例。

2. 实验内容

请对下面的题目进行单元测试，测试内容包括：

(1) 静态测试：进行编码规范检查及静态代码检查。

(2) 动态测试：采用基路径测试方法完成顶层类的单元测试用例的设计、撰写与执行。同时要求在测试中采用插桩。

题目一：分数求和

输入字符串 "2/1 3/2 5/3 8/5 13/8 21/13…"，求出这个数列的前 N 项之和，保留两位小数。

(1) 解析字符串，分解为分数字符串数组 ["2/1"，"3/2"，"5/3"，"8/5"，"13/8"，"21/13"]。

(2) 转换字符串分数，求解分数值。

题目二：平方和与倒数和

输入以下 3 个数 A、B、C，求 $1\sim A$ 之和、$1\sim B$ 的平方和、$1\sim C$ 的倒数和，并求取最终值之和。

题目三：胶囊面积计算

一个胶囊  的面积由一个长方形和一个圆组成。给出长方形的长和高，请计算胶囊面积。

题目四：数字分类统计

给定一系列正整数，请按要求对数字进行分类，并输出以下 3 个数字之和：

A_1 = 能被 5 整除的数字中所有偶数的和；

A_2 = 被 5 除后余 2 的数字的个数；

A_3 = 被 5 除后余 4 的数字中最大数字。

3. 实验工具

(1) Java 编程环境：Eclipse；

(2) Java 编码规范检查工具：P3C；

(3) Java 静态代码检查工具：FindBugs；

(4) Java 单元测试工具：JUnit；

(5) 覆盖率工具 Jacoco，覆盖率 Eclipse 插件 EclEmma；

(6) Java 插桩工具：Mockito。

4. 实验步骤

(1) 下载被测试源代码项目；

(2) 根据题目要求完善程序源代码；

(3) 使用静态检测工具，检测源代码，并根据规范要求修改；

(4) 编写 JUnit 测试用例；

(5) 测试过程中采用 Mockito 进行模拟 (注解和直接建立 mock 对象都需要掌握)；

(6) 完成所有类的单元测试，对于顶层类需要设计相应的桩；

(7) 重新运行测试用例，查看测试覆盖率；

(8) 优化测试用例，提高测试覆盖率；

(9) 提交实验结果。

5. 实验交付和总结

(1) 提交实验报告，应包含源代码、测试代码、测试数据、JUnit 测试报告、覆盖率统计信息。

(2) 思考与总结：

①是否所有代码都能达到 100% 的覆盖率要求？为什么？

②测试数据如果不是简单的 csv 格式，而是复杂的类数据，应该怎样处理？

第 6 章

集 成 测 试

集成测试 (Integration testing) 就是测试单元在集成时是否有缺陷，它是单元测试的逻辑扩展，通过测试来识别组合单元时可能出现的问题，也叫组装测试或联合测试。

本章首先介绍集成测试的相关知识，然后介绍集成测试的各类方法，包括基于功能分解的集成（测试）、基于调用图的集成（测试）、基于 UML（统一建模语言）的集成（测试），最后通过一个 Web 项目案例来实践集成测试的过程。

6.1 集成测试概述

在软件程序开发的过程中，如果把所有单元测试后的模块按设计要求一次性全部组装起来，然后进行整体测试，这种方法容易出现混乱。因为测试时可能发现很多错误，而且为每个错误定位和纠正会变得非常困难，在改正一个错误的同时又可能引入新的错误。新旧错误混杂，更难断定出错误的原因和位置。实践表明，一些模块虽然能够单独工作，但并不能保证连接起来也能正常工作。为了改善这种情况，要求在软件测试中引入集成测试，用以测试程序在某些局部反映不出、而在全局上很可能暴露出来的问题。

集成是指多个单元的聚合，具体地，由许多单元组合成模块，而这些模块又聚合成为程序的更大部分，如分系统或系统。

集成测试的目标是：检测系统是否满足需求，检测系统对业务流程及数据流的处理是否符合标准，检测系统对业务流的处理是否存在逻辑不严谨或者有误的情况，检测需求是否涉及不合理的标准及要求。具体检测项目包括功能正确性验证、接口测试、全局数据结构的测试以及计算精度检测等。

所有的软件项目都不能脱离系统集成这个阶段。不管采用什么开发模式，具体的开发工作都得从一个个的软件单元做起，软件单元只有经过集成才能形成一个有机的整体。具体的集成过程可能是显性的，也可能是隐性的。集成工程实践中，几乎不存在软件单元组装过程中不出现任何问题的情况。

集成测试的方法可以粗略地划分成非增量型集成测试和增量型（渐增式）集成测试。

非增量型集成测试是指先将所有软件模块统一集成后再进行整体测试，也称大棒集成测试 (Big-bang integrate testing)，这种方法极容易出现混乱。对于复杂的软件系统，一般不宜采用非增量型集成测试。

增量型 (渐增式) 集成测试是从一个模块开始，测一次添加一个模块，边组装边测试，以发现与接口相关的问题。在测试设计实施过程中，渐增式集成测试需要编写 Driver 或 Stub 程序，这样可以更早地发现模块之间的接口错误，并有利于对错误的定位和纠正。增量型集成测试的实施策略有很多种，如自底向上集成 (测试)、自顶向下集成 (测试)、三明治集成 (测试) 等；另外，在面向对象的集成测试中，还可以采用基于 UML 的集成测试方法。这些方法均会在后续的章节中作进一步的介绍。

　　在人员组织上，集成测试不同于单元测试：对于单元测试而言，主要的测试用例设计实施工作由开发人员承担；而对于集成测试，该工作则主要由专门的测试人员负责，但开发人员有时也会参与集成测试的设计和执行。为了更好地进行集成测试，集成测试工程师一般都需要参与到产品的概要设计当中去，尤其是参与概要设计的评审工作。这是因为概要设计定义了系统中各个模块的功能、输入输出接口，而其对应的集成测试，主要功能是测试各个模块的集成以及模块之间的接口，这样做有利于系统的设计。集成测试工程师可以对系统提出建议，以避免系统设计的失误。

6.2　集成测试的方法

6.2.1　基于功能分解的集成测试

　　在设计系统时，如果采用基于 (系统) 功能分解的方式来进行模块化程序设计，那么在集成系统时也可以基于功能模块来组装。基于功能分解的集成测试就是利用这一点进行的。这种方法要求在测试的准备阶段按照概要设计的规格说明来确定模块之间的功能分层结果，明确被测功能模块，并在熟悉被测功能模块功能、接口等特性的基础上进行测试。

　　模块之间的功能分层可以通过树形结构来表示，如图 6-1 所示。图中软件系统包含 7 个功能模块。通过这样的分层结构来进行软件的集成测试，其集成模块的顺序就演变成了对树形结构的遍历。针对不同的顺序结构，可将测试分成自顶向下集成、自底向上集成以及三明治集成等测试方式。

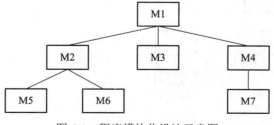

图 6-1　程序模块化设计示意图

1. 自顶向下集成

自顶向下集成 (Top-down Integration) 是指从最具控制力的主控模块开始，按照软件的控制层次结构，以深度优先或广度优先的（搜索）策略，向系统中增加模块，直至实现整个系统。在测试过程中，需要设计桩模块来模拟下层模块。自顶向下集成主要依据以下两种策略。

（1）深度优先策略。深度优先策略首先是把主控制路径上的模块集成在一起，至于选择哪一条路径作为主控制路径，则带有一定的随意性，可以根据实际问题的特性确定优先级。以图 6-1 为例，若选择最左边的一条路径，则需将模块 M1、M2 和 M5 集成在一起，再将其与 M6 集成起来，然后考虑中间和右边的路径。具体的集成过程如图 6-2 所示。其中，图 6-2(a) 为 M1 模块的单元测试。

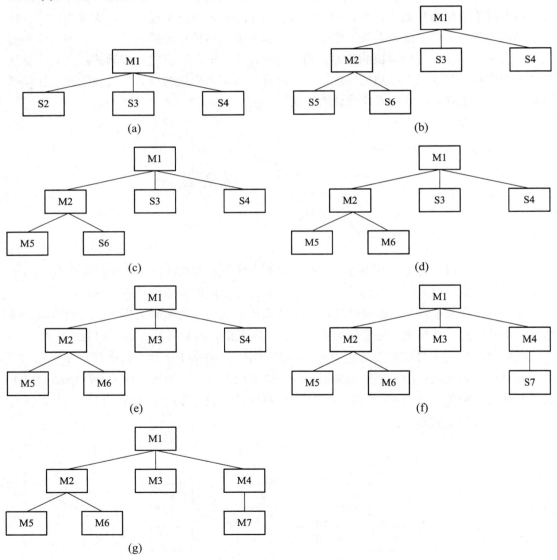

图 6-2　深度优先测试过程

（2）广度优先策略。广度优先策略是指沿控制层次结构水平向下移动。仍以图 6-1 为例：首先把 M2、M3 和 M4 与主控模块集成在一起，再将 M5 和 M6 和其他模块集成起来。

具体的集成测试过程如图 6-3 所示，图 6-3(a) 为 M1 模块的单元测试。

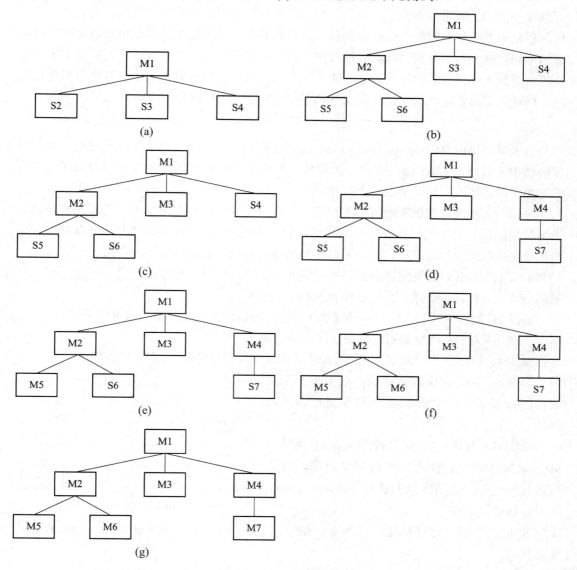

图 6-3　广度优先测试过程

深度优先或广度优先两种集成策略可归纳为以下 5 个步骤。

步骤 1：以主控模块作为测试驱动模块，把对主控模块进行单元测试时引入的所有桩模块用实际模块代替，需要设计的桩模块的个数为模块总个数减一；

步骤 2：依据所选的集成策略 (深度优先或广度优先)，每次只替代一个桩模块；

步骤 3：每集成一个模块立即测试一遍；

步骤 4：只有每组测试完成后，才着手替换下一个桩模块；

步骤 5：为避免引入新错误，还需要不断进行回归测试，即全部或部分地重复已做过的测试。

自顶向下集成测试的策略要求首先集成最高级别的模块，这使高级别的逻辑和数据流可以在开发的早期阶段被测试，有助于最大限度地减少对驱动程序的需求。而低级别的模块在开发周期中相对较晚的阶段被测试，这意味着自顶向下的集成不能很好地支持有限功能的早期发布。在测试设计和执行过程中，如果桩模块不能反映真实情况，重要数据不能及时回送到上层模块，测试可能并不充分。所以在设计桩模块时，为了更好地模拟真实情况，以及满足对桩模块的需求，测试管理变得重要而且可能很复杂。

2. 自底向上集成

自底向上集成 (Bottom-up Integration) 是最常用的集成方法。自底向上集成是指从程序模块结构中最底层 (即控制力最弱) 的模块开始组装、按控制层次由弱变强的顺序向系统中增加模块并测试，直至实现整个系统。

自底向上集成的测试策略首先将注意力放到了模块结构中的最底层，将模块自底向上进行组装测试，对于一个给定层次的模块，它的子模块 (包括子模块的所有下属模块) 事前已经完成组装并经过测试，所以不再需要编制桩模块。自底向上集成包括 5 个步骤：

步骤 1：由驱动模块控制最底层模块的并行测试，也可以把最底层模块组合起来以实现某一特定软件功能的簇，由驱动模块控制它进行测试。

步骤 2：将实际模块 (代替驱动模块) 与它已测试的直属子模块集成为子系统。

步骤 3：为子系统配备驱动模块，进行新的测试。

步骤 4：判断是否已集成到达主模块，判断是否结束测试，否则执行步骤 2。

步骤 5：为避免引入新错误，还需要不断地进行回归测试，即全部或部分地重复已做过的测试。

以图 6-4 为例，控制力最弱的底层模块有 M1、M3、M6，先选择其作为测试对象，三者可以并列进行，分别为他们建立好驱动 (Driver)，然后分别进行集成。

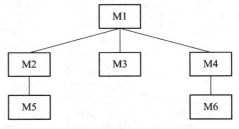

图 6-4   自底向上的集成测试示例一

具体的集成测试过程如图 6-5 所示。图中，(a)、(b)、(c) 分别为 M5、M3、M6 模块的单元测试。

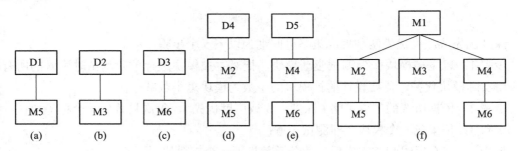

图 6-5   自底向上的集成测试示例二

自底向上集成的测试策略是先测试和集成最低级别的单元，这样，实用工具模块能够在开发过程的早期阶段被测试，可以最大限度地减少对桩模块的需求；另一方面，自底向上增值的方式可以实施多个模块的并行测试，提高测试效率，且管理方便，测试人员能较好地锁定软件故障所在位置。不利的方面是，对驱动程序的需求使测试管理变得复杂起来。在测试流程后期进行高级别的逻辑和数据流测试，这使最后一个模块加入时程序才具有整体形象。与自顶向下的方法一样，自底向上的方法也不能很好地支持有限功能的早期发布。

3. 三明治集成

三明治集成 (Sandwich Integration)，有时也称混合法集成，是将自顶向下集成和自底向上集成两种方式结合起来的集成方式。对软件结构中的较上层，使用的是自顶向下集成测试；而对软件结构中的较下层，使用的则是自底向上集成，两者结合完成测试。这种方法兼有两种策略的优缺点，当被测试的软件中关键模块比较多时，三明治集成可能是最好的折中方法。

以图 6-6(a) 为例，6 个模块在图中以功能分层结构表示，共包括 3 层。首先确定测试的中心层，在中心层之上采用自顶向下集成，而中心层之下则采用自底向上集成，然后在中心层汇合，直接将上下两个部分集成起来进行测试。本例中第二层为中心层，且中心层参与到了自底向上集成中来，具体的测试过程如图 6-6(b) 所示。

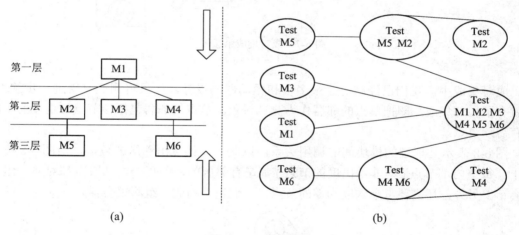

图 6-6　三明治集成

6.2.2　基于调用图的集成测试

基于功能分解的集成是以功能分解树为基础的，这需要对需求和概要设计进行深入理解，并总结出功能模块间的分层结构关系图，但并不是所有软件系统的功能层次关系都很明确。如果结合软件程序的内部结构，即采用基于调用图的集成测试方法，就可以减少这类缺陷。调用图是一种有向图，它反映了程序中模块之间的调用关系。基于调用图的集成测试就是根据调用关系来设计和实施的，具体的做法有成对集成和相邻集成两种。

1. 成对集成

成对集成的思想就是在调用图的基础上，尽可能地免除桩 / 驱动器的开发工作。其测试方法是把调用图中的一对单元作为测试对象，所以需要测试的会话就对应到调用图的每一条边。

图 6-7 中表示出了 15 个模块 (函数) 之间的调用关系, 其调用关系是通过连线连接的。根据成对集成的方法, 共有 15 对集成测试会话。在具体的测试过程中, 测试会话 1 到 4 需要设计桩模块 Stub7 来进行, 也就是说, 要建立相应的桩模块；而测试会话 8 到 12 需要建立驱动模块 Driver6 来进行。

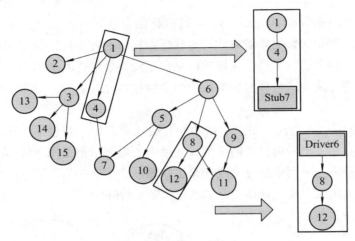

图 6-7　成对集成示意图

2. 相邻集成

成对集成中, 我们已经减少了很多桩和驱动器的设计, 如果将测试对象进一步扩大, 这就有了相邻集成, 即把节点的邻居作为测试对象。节点的邻居包括该节点的直接前驱和所有后续节点。

图 6-8 表示处理过的模块间的调用关系, 以此可以计算出邻居的数量。由图 6-8 可以得出, 每个内部节点 (即非零出度的节点) 都是有邻居的, 即每个内部节点都对应一组测试会话。另外, 还需要考虑入度为零的节点, 它们也将构成一组测试会话。

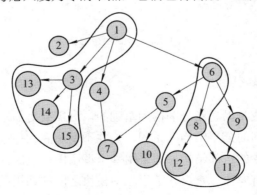

图 6-8　相邻集成示意图

调用图中的节点和邻居的数量关系可以通过下面的公式来表示：

内部节点 ＝节点 - (源节点 + 汇聚节点)

邻居　　 ＝内部节点 + 源节点

邻居　　　　＝节点－汇聚节点

由此可以得出图 6-8 中的邻居关系，如表 6-1 所示。

表 6-1　相邻集成示例的邻居关系表

测试会话编号	节点	前驱	后继
1	3	1	13，14，15
2	4	1	7
3	5	6	7，10
4	8	6	12，11
5	9	6	11
6	1	—	2，3，4
7	6	1	5，8，9

相对前面的成对集成，测试的会话数由 15 降低到了 7。如果节点不变，则调用关系会变得更复杂，其测试会话会降低更多。所以相邻集成将大大降低测试会话的数量，并且避免了桩和驱动器的开发。从本质上看，相邻集成和三明治集成是相似的。不同的是，相邻集成是基于调用图的，三明治集成是基于功能分解树的。相邻集成也具有 "大爆炸" 集成的缺陷，即隔离困难。

6.2.3　基于 UML 的集成测试

在面向对象的集成测试中，我们把一组相互有影响的类看作一个整体，将其称为类簇。类簇测试主要根据系统中相关类的层次关系，检查类之间的相互作用的正确性，即检查各相关类之间消息连接的合法性、子类的继承性与超类的一致性、动态绑定执行的正确性、类簇协同完成系统功能的正确性等。其测试有两种不同的策略，基于类间协作关系的横向测试和基于类间继承关系的纵向测试。

基于类间协作关系的横向测试：将系统的一个输入事件作为激励，对其触发的一组类进行测试，执行相应的操作 / 消息处理路径，最后终止于某一输出事件。同时可应用回归测试对已测试过的类集再重新执行一次，以保证加入新类时不会产生意外的结果。

基于类间继承关系的纵向测试：通过测试独立类 (系统中已经测试正确的某类) 来开始构造系统，在独立类测试完成后，进行下一层继承独立类的类测试 (即依赖类测试)，这个依赖类层次的测试序列一直循环执行，直到构造完整个系统。

面向对象的集成测试中，类簇中类与类之间的关系较复杂，面向对象程序的静态表示已不是一个树状结构，而是一个错综复杂的网状结构，这决定了传统的基于层次结构的集成测试策略已不适用于面向对象程序的集成测试。因此，需要研究适应面向对象程序的集成测试策略。基于 UML 开发的软件系统在分析、设计阶段包含了各种模型图，这些模型图描述了被建模系统的各个方面，包含大量的软件分析设计信息，这些信息不仅是软件实现的依据，也是软件测试的重要依据。下面介绍基于 UML 的集成测试方法，包括基于 UML 协同图分解的集成测试方法和基于 UML 序列图分解的集成测试方法。

1. 基于 UML 协同图分解的集成测试方法

协同图显示的是类自己的（部分）信息传输。协同图中反映了类直接方法的调用情况，类似于前面传统集成所介绍的调用图。由此，面向对象的协同图也支持成对集成和相邻集成的方法。

下面以一个模型为例，介绍协同关系图。在该模型中，我们需要测试鸭子外卖店 DuckStor，该店面可以根据用户要求制作鸭子并提供外送业务。但用户下了订单（orderDuck）后，根据用户要求 DuckStor 可以制作鸭子（createDuck），这里提供 3 种地方产的鸭子，四川的、北京的、上海的，每种鸭子需要不同的配方，所以根据鸭子类型的不同，制作配方（createDirection）。同时 DuckStor 还可以直接查询配方（getXXDirection）。图 6-9 就是多个类的协同关系图。可以根据这些协同关系来设计集成测试的方案，其实质就是基于调用的集成，可以采用成对集成和相邻集成的方法。

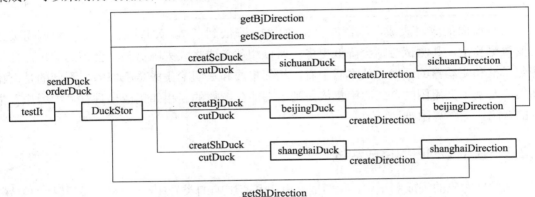

图 6-9 "鸭子的外卖店"类的协同关系图

2. 基于 UML 序列图分解的集成测试方法

UML 序列图是按时间的顺序来描述对象之间交互的模型。序列图主要用于按照交互发生的一系列顺序，显示对象之间的交互。开发者一般认为序列图只对他们有意义，然而，业务人员发现，序列图能显示不同的业务对象如何交互，对于交流当前业务如何进行很有用。而且，对于测试人员来说，序列图也非常有用。

在序列图中如果消息 1(message1) 出现在消息 2(message2) 的上面，则 message1 一定在 message2 之前被发送。在测试中引入 UML 序列图，我们只需要按照序列图表示的消息顺序来测试对象类之间的交互即可。对于每一个类与其他类，它们之间的对象与对象的调用路径都可以用序列图表现出来。只要测试用例覆盖了该类与其他类调用的所有序列图，我们就认为这些测试用例集完全覆盖了该类与类的集成关系。也就是说，该类与其他类之间进行集成的接口已经被完全测试过了。

对于基于 UML 序列图分解的集成测试，其测试用例基本上是根据序列图来设计的。序列图实质上就是按照一定前置条件和后置条件排列好的交互系列。在这个交互系列中，只有前置条件和后置条件都为真时，才能进行下一步交互。只要前置条件或后置条件有一个为假，则交互都不能顺利进行或者说交互不正确。对于前置条件和后置条件为假的交互，我们可以统一按相同的方法来对待。

同样以上面的鸭子外卖店 DuckStor 为例，从其序列图中，我们可以看出通过测试驱动模块下达订单后的 DuckStor 的活动序列如图 6-10 所示，图 6-10 中仅表示了订购一只四川鸭子的过程，其消息的传递过程都在图中表示出来了。在集成测试时，可以根据这个消息的传递过程来选择集成的对象。另外还可以看出，鸭子切片的活动在鸭子生产出来后才能进行。也就是说，制作鸭子的活动是切鸭子活动的前提条件。

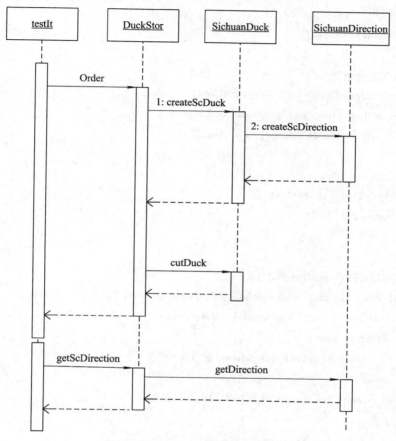

图 6-10　鸭子外卖店的活动序列

案例6-1　SpringBoot项目下的Controller集成测试

SpringBoot 是由 Pivotal 团队提供的全新框架，其设计目的是简化 Web 应用的初始搭建以及开发过程。下面是一个基于 SpringBoot 的简单代码实例。该代码段仅仅设计了 Controller 层及 Service 层，实现了用户信息的查询。其中，Controller 层的 UserController 调用了 Service 层的 UserService 对象。

Controller 层代码如下：

```
@RestController("/")
public class UserController {
```

```
@Autowired
private UserService userService;

/**
 * 获取用户列表
 * @return 用户列表
 */
@GetMapping("/user")
public ResponseEntity<List<User>> listUser(){
    List<User> list = userService.getUserList();
    return  ResponseEntity.ok(list,"获取成功");
}
/**
 * 获取指定用户 ID 和用户信息
 * @return 用户列表
 */


@GetMapping("/user/{userId}")
public ResponseEntity<User> getInfo(@PathVariable("userId") Integer userId){
    User user  = userService.findByUserId(userId);
    if (user != null) {
        return ResponseEntity.ok(user,"获取成功");
    } else {
        return ResponseEntity.failed("用户不存在");
    }
}


}
```

Service 层接口代码如下：

```
public interface UserService {
    /**
     * 根据用户ID查询用户
     * @param userId
     * @return 用户实体
     */
    User findByUserId(Integer userId);
```

```
    /**
     * 获取用户列表
     * @return 用户类别
     */
    List<User> getUserList();
}
```

Service 层实现代码如下：

```
@Service
public class UserServiceImpl implements UserService {
    @Override
    public User findByUserId(Integer userId) {
        if (userId > 0) {
            return  new User(userId,"用户" + userId);
        } else {
            return null;
        }
    }


    @Override
    public List<User> getUserList() {
        List<User> list = new ArrayList<>();
        list.add(new User(1,"张三"));
        list.add(new User(2,"李四"));
        return list;

    }
}
```

　　基于此调用关系，对 UserController 测试集成了 UserService 对象，UserController 实现了两个 Get 接口，可以通过浏览器来访问，访问效果如图 6-11 所示。

(a) 用户列表接口

(b) 用户详细信息接口

图 6-11　UserController 的接口访问

对于 SpringBoot 项目的测试，需要用到 SpringBootTest 框架。由于 SpringBoot 是一个 Web 开发框架，进行 Controller 类测试时，需要模拟网络访问环境。这里使用 SpringBootTest 下的 MockMvc 来模拟。

```java
@SpringBootTest
class UserControllerTest {
    @Autowired
    private WebApplicationContext context;
    private MockMvc mockMvc;

    @BeforeEach
    void setUp() {
        this.mockMvc = MockMvcBuilders.webAppContextSetup(context).
        addFilter((request, response, chain) -> {
                    response.setCharacterEncoding("UTF-8");
                    chain.doFilter(request, response);
                }, "/*")
                .build();
    }

    /**
     * 用户列表接口测试
     * @throws Exception
     */

    @Test
    public void listUserTest() throws Exception {
        ResultActions resultActions = this.mockMvc.perform(MockMvcRequestBuilders.get("/user")
                .accept(MediaType.APPLICATION_JSON))
                .andExpect(status().isOk()) //断言
                .andExpect(content().string(containsString("张三"))); //断言

        //打印输出
        resultActions.andReturn().getResponse().setCharacterEncoding("GBK");
        resultActions.andDo(MockMvcResultHandlers.print());
    }

    /**
     * 用户信息获取接口测试
     * @throws Exception
```

```
            */

    @Test
    void getInfoTest() throws Exception {
        ResultActions resultActions = this.mockMvc.perform(MockMvcRequestBuilders.get("/user/1")
                        .accept(MediaType.APPLICATION_JSON))
                .andExpect(status().isOk()) //断言
                .andExpect(content().string(containsString("用户"))); //断言

        //打印输出
        resultActions.andReturn().getResponse().setCharacterEncoding("GBK");
        resultActions.andDo(MockMvcResultHandlers.print());
    }
}
```

案例问题：

(1) SpringBoot 测试用到的测试框架包含 SpringBootTest 和 JUnit，请讨论分析为什么？

(2) 分析讨论集成测试与单元测试在测试环境上的区别。

本 章 小 结

集成测试就是测试单元在集成时是否有缺陷，通过测试以识别组合单元时出现的问题。集成测试的策略可以粗略地划分成非增量型集成测试和增量型（渐增式）集成测试。

在实践中，大多采用增量型集成测试方法，包括基于功能分解的集成测试（自底向上集成测试、自顶向下集成测试、三明治集成测试）、基于调用图的集成测试和基于 UML 的集成测试。基于功能分解的集成测试方法在模块化程序设计的基础上展开，对于大多数模块化程序都适用，且方法简单、易于分析。基于调用图的集成测试方法则是关注程序模块（函数方法）的调用关系来设计测试会话的，相对于基于功能分解的集成测试，该测试方法对于功能层次关系不是很明确，但对于软件系统的集成测试，特别是对于调用关系复杂的软件项目的集成测试很适用。基于调用图的集成测试结合了结构性测试的方法，不仅要关注模块间的调用关系，而且要关注代码中模块调用的位置。当然在集成测试中还有其他的因素需要考虑，如时间、项目风险、测试项目结构特点等。可以根据软件项目的特点选择合适的方法，同时在测试过程中结合其他的测试方法和策略。

练 习 题 6

1. 基于功能分解的集成方法有 _____。

(A) 非渐增式集成

(B) 自顶向下集成

(C) 自底向上集成

(D) 三明治集成

3. 基于调用图的集成方法有 _____。

(A) 成对集成

(B) 相邻集成

(C) 大棒集成

(D) 基于 MM 路径的集成

4. 简述基于功能分解的集成测试的特点，并分析其应用场景。

5. 简述基于调用图的集成测试的特点，并分析其应用场景。

6. 采用基于功能分解的集成测试方法分析图 6-12 中的集成测试对话，具体要求如下：

(1) 分别采用自顶向下、自底向上、三明治集成的方法。

(2) 分析在不同的方法下，是否需要桩模块和驱动模块的设计？需要设计哪些内容？

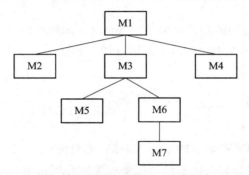

图 6-12　题 6 的模块层次关系图

7. 采用基于调用图的集成测试方法分析图 6-13 中模块调用关系图的集成测试对话，具体要求如下：

(1) 分别采用成对集成和相邻集成的方法。

(2) 分析在不同的方法下，是否需要桩模块和驱动模块的设计？需要设计哪些内容？

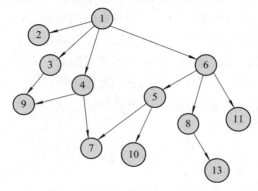

图 6-13　题 7 的模块调用关系图

实验 5　集 成 测 试

1. 实验目的

(1) 能够应用成对集成和相邻集成测试方法完成集成测试；

(2) 能够应用 Mockito 模拟被调用对象，编写测试代码，执行并分析测试结果，优化测试用例。

2. 实验内容

请对实验 4 的题目，采用成对集成和相邻集成测试方法完成集成测试用例的设计、撰写与执行。同时根据集成方法要求，在测试中采用插桩。

3. 实验工具

(1) Java 编程环境：Eclipse；

(2) Java 单元测试工具：JUnit；

(3) Java 插桩工具：Mockito。

4. 实验步骤

(1) 编写 JUnit 测试用例；

(2) 根据测试方法要求，采用 Mockito 进行插桩；

(3) 优化测试用例，逐一集成所有类。

5. 实验交付和总结

(1) 提交实验报告，应包含源码、测试代码、测试数据、JUnit 测试报告。

(2) 思考与总结：集成测试和单元测试在测试用例的设计与实现中有哪些异同。

第 7 章

系 统 测 试

本章介绍系统测试的相关知识，主要包括：系统测试的定义、系统测试的内容以及系统测试的方法，基于 Web 系统的广泛应用以及其软件的特点，Web 系统测试有别于传统软件测试的地方，以及 Web 系统测试的内容和方法。

7.1 系统测试概述

7.1.1 系统测试的定义

系统测试是指将已经集成好的软件系统作为整个计算机系统的一个元素，与支持软件、计算机硬件、外设、数据等其他系统元素结合在一起，在实际使用环境下，对计算机系统进行一系列测试活动。系统测试针对的是整个系统，关注的是整个系统的输入输出、整个系统的运行稳定性。

系统测试的基本方法是将软件系统与系统的需求定义比较，发现软件与系统定义不符合或与之矛盾的地方，以验证系统的功能和性能等是否满足其规约所指定的要求。由于系统测试涉及整个软件系统，所包含的内容较多，单一的测试不能全面地覆盖所有内容，所以可以将系统测试分成若干个不同测试类来进行，其目的是充分运行系统，验证系统各部件是否都能正常工作并完成所赋予的任务。为了测试出系统在真实应用环境下的使用情况，系统测试的测试用例应根据需求分析说明书来设计，测试实施过程必须在实际使用环境下运行。

系统测试的组织工作主要是由专业的系统测试工程师主导的。除了测试工作，在软件开发的初始阶段——需求分析阶段，系统测试工程师就可以加入其中，共同参与。因为系统测试工程师是最熟悉这个产品的人，他们了解这个产品功能的优点和缺陷，他们的意见往往能够使后续项目少走弯路。

7.1.2 系统测试的内容

系统测试是软件交付前最重要、全面的测试活动之一。它要求对系统的各个环境进行全面的测试，所以其测试的内容较多，也较繁杂。可以根据测试对象的性质作一个粗略的划分，将系统测试分为功能特性的测试和非功能特性的测试。

功能特性的测试包括功能测试、用户界面测试、安装 / 卸载测试、可用性测试；而非功能特性的测试包括性能测试、压力测试、负载测试、安全性测试、疲劳测试、恢复测试、兼容性测试、可靠性测试、强度测试、容量测试、配置测试等。而在实际的应用中，对于进度、资源等各方面的因素不可能通通满足，大多会根据系统、项目的特点对测试内容 (类型) 有所取舍。

7.2　功　能　测　试

功能测试 (Function testing) 是指在规定的一段时间内运行软件系统的所有功能，以验证这个软件系统有无严重错误，即测试软件系统的功能是否正确，因此正确性是软件最重要的质量因素，是软件测试中不可或缺的重要测试内容之一。功能测试在单元测试和 (系统) 集成测试阶段都有进行。在单元测试中，功能测试的代码是从代码开发人员的角度来编写的；而在集成测试中，功能测试的代码是从最终用户和业务流程的角度来编写的。不过，功能测试的大部分工作还是在系统集成测试完成后的系统测试阶段进行的，因为这时系统的功能稳定且完整。

功能测试要对整个产品的所有功能进行测试，检验功能是否实现、是否正确实现。所以要测试的功能往往非常多，其内容包括正常功能、异常功能、边界测试、错误处理测试等。这些内容的测试依据来源于需求文档，如《产品需求规格说明书》，这些需求文档记录了用户的所有功能要求，是制订系统测试计划和设计测试用例的依据。功能测试采用黑盒测试的方法。下面以场景测试为例进行系统测试。

以一个自动售货机的购买流程 (见图 7-1) 为例。顾客首先将购买商品的现金放入自动售货机的现金接收插槽中；然后按键选择商品，并确认所选择的商品，当付款金额足够购买所确认的商品时，商品吐出槽售出商品；否则零头找出槽吐出全额付款。在售出商品后，如果需要找零，通过零头找出槽找零。如果找零无误，则交易结束。

可以根据状态图中的状态转换设计场景，在图 7-1 中，规划 5 条路径 (可以采用白盒测试的方法来计算复杂度)。

(1) 开始→付款→选择商品→确认商品→结束。

(2) 开始→付款→选择商品→确认商品→找零→结束。

(3) 开始→付款→选择商品→金额不足，全额退款→结束。

(4) 开始→付款→选择商品→全额退款→结束。

(5) 开始→付款→全额退款→结束。

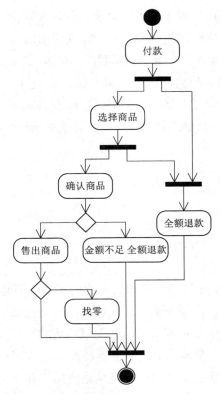

图 7-1　自动售货机的购买流程

这 5 条路径可以产生 5 个场景，具体场景如下：

(1) 付款金额刚好足够支付将要选择的商品。选择商品、确认商品后结束。

(2) 付款金额大于将要购买的商品。选择商品、确认商品、找零后结束。

(3) 付款金额不够支付将要购买的商品。选择商品、确认商品后，提示金额不足，全额退款后结束。

(4) 投币后，选择商品后又放弃购买，要求全额退款。选择商品、确认商品后，取消操作后结束。

(5) 付款成功后，不想要购买的商品，要求全额退款。

接下来，可以根据这 5 个场景来设计用例。根据商品的不同，针对每一个场景设计多个测试用例来测试系统。

功能测试主要采用的是黑盒测试方法，所以功能测试工具也叫黑盒测试工具。功能测试是在明确软件产品应具有的功能的前提下，完全不考虑被测程序的内部结构和内部特性，通过测试来检验软件是否按照软件需求规格的说明正常工作。

黑盒测试工具的一般原理是，利用脚本的录制 / 回放，模拟用户的操作，然后将被测系统的输出记录下来，将其同预先给定的结果比较。黑盒测试工具可以大大减轻黑盒测试的工作量，在迭代开发的过程中，能够很好地用来进行回归测试。

使用测试工具能够有效帮助测试人员对发布的复杂企业级应用的不同版本功能进行测试，提高测试人员的工作效率和质量。其主要目的是检测应用程序是否能够达到预期的功能并正常运行。常见的测试工具如表 7-1 所示。

表 7-1　部分常见的功能自动化测试工具

工　具	说明及官方网站
SeleniumWebDriver	一款开源的 Web 应用程序的自动化测试工具 https://www.selenium.dev/
Katalon Studio	Web 测试工具 https://katalon.com/katalon-studio
Postman	接口测试工具 https://www.postman.com
TestWriter	上海博为峰旗下的零编码、跨平台自动化测试工具 http://tools.51testing.com/
Airtest	网易旗下的一款基于图像识别和 poco 控件识别的 UI 自动化测试工具 http://airtest.netease.com/
Apifox	广州睿狐科技旗下的一款支持 API 文档、API 调试、API Mock、API 自动化的测试平台 https://apifox.com/
UFT Developer UFT Mobile UFT One	Micro Focus 公司自动化功能测试工具 https://www.microfocus.com/zh-cn/products

这里只介绍了部分 Web 测试工具，还有 Android、iOS 等移动端测试工具，如 Appium、UIAutomator2、Monkey、Robotium 等。同时，随着我国测试技术的发展，涌现了大量优秀的云测试平台，如百度的 MTC、腾讯的 WeTest、华为云测试服务、云测 Testin 等。

7.3　性　能　测　试

性能测试 (Performance testing) 所涉及的内容较多，要做好性能测试必须要了解影响性能测试的因素、性能测试的流程、性能测试用例的设计、性能测试工具等内容。

性能测试用于检查系统是否满足需求说明书中规定的性能，这种测试要在明确软件需求的环境下进行。其基本方法是模拟生产运行的业务和使用场景组合，测试系统性能是否满足生产性能要求。具体考察指标有响应时间、最大用户数、软硬件性能、处理精度、系统最优配置等。性能测试是验证和评价软件性能的主要手段，在软件的能力验证、能力规划、性能调优、缺陷修复等方面都发挥着重要作用。

1.影响性能测试的因素

在进行性能测试前，首先要了解什么是性能，哪些因素会影响软件的性能。性能指一种指标，表明软件系统或构件对于性能的及时性要求的符合程度。软件的性能可以通过响应时间、吞吐量、CPU 利用率、内存使用率等指标来衡量。

对于一个软件关联人员来说，软件系统的性能指标包括很多，但不同的软件关联人员所关注的层面存在差异。

(1) 软件用户主要关注的是操作的响应速度，即操作的响应时间。用户在程序界面上点击某个按钮或发送一条指令以执行某项功能，从用户点击开始到应用系统把相应的结果展示给用户为止的这个过程所消耗的时间是用户对软件性能的直观印象。

(2) 从系统管理员的角度来看，软件的性能不仅包括系统的响应时间，还包括与系统状态相关的信息，如 CPU 的利用率、内存的利用率、数据库状况等。同时，系统管理员还关心系统的可扩展性，它所能支持的最大用户数是多少，系统的最大业务处理量是多少，系统的性能瓶颈在何处，如何提高系统的性能，等等。

(3) 对于软件开发人员来说，他们从软件开发的角度来看软件性能，不仅关注用户、系统管理员所关注的内容，还关注软件架构、代码、数据库结构等软件内部因素对软件性能的影响，并关心如何改进这些内部因素以改善软件的性能。

评价软件性能时，主要考虑响应时间、并发用户数、吞吐量、资源利用率等指标。

(1) 响应时间：指从客户端发出请求到得到服务器返回结果的整个过程所花费的时间，包括网络传输时间和服务器处理时间。从用户角度来看，响应时间还应该包括客户端处理用户操作并发送请求的时间，以及在客户端计算机上呈现服务器端返回结果的时间。

(2) 并发用户数：指在给定时间内，某个时刻与服务器同时进行会话操作的用户数。与并发用户数相关的概念还有系统用户数、同时在线人数、业务并发用户数等。

(3) 吞吐量：指单位时间内系统处理的客户请求的数量，体现软件系统的性能承载能力。一般来说，吞吐量用每秒请求数或每秒页面数来衡量，从业务的角度来看，吞吐量也可以用每天或每小时处理的业务数等来衡量。

(4) 资源利用率：指资源的实际使用量与总的资源可用量的比值。通常涉及硬件、网络、操作系统、数据库以及支持性软件（如应用服务器）等方面。

以上 4 类指标具有一定的关联性，共同反映了软件性能的不同侧面。比如，对于用户关心的软件性能，可以使用响应时间来衡量；对于软件的扩充能力和容量，可以使用最大并发用户数来衡量；对于软件的处理能力，可以用吞吐量来衡量；对于系统的运行状态，可以用资源利用率来衡量。

这些指标并不是一成不变的，在实际的应用中，软件性能还受到环境、业务、用户等因素的影响，当这些因素发生改变或不同时，同一软件也会表现出不同的性能。比如，当数据库服务器的数据量存在明显差异时，执行同样的测试，响应时间、吞吐量等指标会发生显著的改变，可以把这些影响因素分成业务因素和环境因素两类，具体内容如图 7-2 所示。

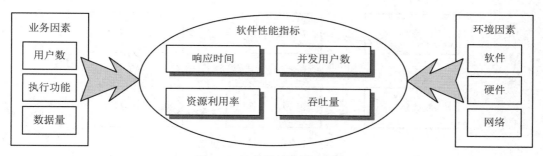

图 7-2　软件的性能影响因素

业务因素主要包括数据量、用户数、执行功能。数据量主要指数据库或数据文件中的数据记录条数。对于同一结构的数据库，在所有安装配置参数相同的情况下，不同的数据量级别可能会使软件的性能发生显著的差异。用户数主要指系统的用户数，即使用该系统的人数。对于不同的系统，若使用人数和用户的时间段等不同，则系统的最大用户数也会不同。在不同数量的用户同时访问系统时，系统也会表现出不同的性能特征。譬如，分别在 200 用户和 500 用户下进行测试，系统的响应时间、吞吐量等指标皆会不同。一个软件包含多个功能，每个功能所执行的交互和处理过程皆不同，对服务器所产生的负载压力也不同。总之，测试时所执行的功能种类、数量、每种功能执行的人数等皆可能对所获得的软件性能指标造成影响。

环境因素主要包括软件环境 (包括系统软件和支持软件)、硬件环境、网络环境。环境因素中不仅包括硬件、网络的配置，软件的类型、版本，还包括硬件的安装方式、网络连接方式、软件的参数设置等。尤其是在软件环境方面，对于同一软件，不同的参数设置会对应用软件的性能产生极大的影响。

将上述 6 种因素称为软件性能要素。对于同一个软件系统，当某一个性能要素发生变化时，其性能指标也会发生显著的变化。在使用性能指标描述软件的性能特征时，应该给出明确的软件性能要素。在没有说明性能要素的前提下，给出的性能指标是无法作为参考或依据的。

2. 性能测试的流程

软件测试中要设计的内容较多，也较复杂，所以其测试流程相对于其他测试环境下的流程有些不同，目前较流行的过程模型包括 HP LoadRunner 性能测试流程、Segue 提供的性能测试过程模型等，而国内则有 PTGM(性能测试一般模型，Performance Testing General Model)，如图 7-3 所示，该过程模型由《软件性能测试过程详解与案例剖析》一书的作者提出，它是在工作实践的基础上，综合前人经验归纳而成的。该模型将测试过程分为测试前期准备、测试工具引入、测试计划、测试设计与开发、测试执行与处理以及测试分析 6 个阶段。此模型相对其他模型引入了测试工具，在性能测试过程中，需要模拟业务压力，而要产生这类模拟活动，不可避免地需要运用商业工具、免费工具或自行研发的工具，而随着工具的引入，它对测试的计划、实施等都会有很多影响。该模型对每个阶段都给出了详细的指导，具有较强的实践指导意义。目前，常见的性能测试工具有 JMeter、LoadRunner、WebLoad 等。

图 7-3　PTGM 性能测试模型

3. 性能测试用例的设计

在设计性能测试用例时，主要是通过改变模拟的业务因素来测试软件的性能。根据影响软件性能的因素，可以在性能测试设计上考虑三个方面的因素，包括基于并发用户数的测试用例设计、基于吞吐量的测试用例设计、基于业务的测试用例设计。

1) 基于并发用户数的测试用例设计

基于并发用户数的测试用例设计主要是通过模拟系统的最大并发用户数来测试软件系统的性能。其中，并发用户数是同时执行一个操作的用户数，或者是同时执行脚本的用户数，在设置的场景不同时，并发的情况是不一样的，在实际的测试中需要根据具体的需求进行设计。以视频点播系统为例，系统中有系统维护、电影欣赏、页面查询浏览三种访问模式，这三种模式的并发用户数不同，系统维护的并发用户数最少，电影欣赏的并发用户数较多；并且在系统运行的不同时间并发用户数也不同，如中午时，电影欣赏的用户数会比早上多很多。在设计测试用例时，需要考量最大的并发用户数。

在系统测试时首先就要计算出并发用户数，具体的计算方法有三种。

(1) 方法一：精算法。

① 计算平均的并发用户数

$$C = nL/T \tag{7-1}$$

公式 (7-1) 中，C 是平均的并发用户数；n 是登录会话的数量；L 是登录会话的平均时长；T 指考察的时间段长度。

② 计算并发用户数峰值

$$C' \approx C + 3 \times \sqrt{C} \tag{7-2}$$

公式 (7-2) 则给出了并发用户数峰值的计算方式，其中，C' 指并发用户数的峰值，C 就是公式 (7-1) 中得到的平均的并发用户数。该公式是假设用户的登录会话产生符合泊松分布而估算得到的。

(2) 方法二：估算法。

① 计算平均的并发用户数

$$C = n/10 \tag{7-3}$$

式 (7-3) 中，C 表示将每天访问系统用户数的 10% 作为平均的并发用户数。每天访问系统的用户数可以通过日志分析、问卷调查来获取。

② 计算并发用户数峰值

$$C' \approx r \times C \tag{7-4}$$

式 (7-4) 中，r 表示调整因子，r 的取值一般为 2～3。

(3) 方法三: 经验值。

一些系统的并发用户数可以通过同类软件系统的用户数据来估算, 这种估算可以通过类似系统的日志分析和问卷调查来进行。

2) 基于吞吐量的测试用例设计

例 7-1 假设有一个办公自动化系统, 该系统有 3000 个用户, 平均每天大约有 400 个用户要访问该系统, 对一个典型用户来说, 一天之内用户从登录到退出该系统的平均时间为 4 小时, 在一天的时间内, 用户只在 8 小时内使用该系统。采用方法一来计算, 根据公式 (7-1) 和公式 (7-2), 可以得到

$$C = 400 \times 4/8 = 200$$

$$C' \approx 200 + 3 \times \sqrt{200} = 242$$

而在实际情况中, 往往不能得到方法一中的公式 (7-1) 的参数 L (登录会话的平均时长), 所以常常采用方法二, 此示例中, 通过方法二计算可以得到

$$C = 400/10 = 40$$

$$C' \approx 40 \times 2 = 80 (r = 2)$$

对比可以看出, 方法一得到的在线用户数大于方法二得到的。在测试时应该选择较大的数据作为测试用例设计的依据。

在基于并发用户数的设计方法中, 最大的并发用户数是基于不同的操作的, 因为不同的操作所需要的系统资源不同, 包括服务器资源和网络资源。对于相同的并发用户数, 不同的业务操作对软件的性能指标的影响是巨大的。为此有了基于吞吐量的性能测试, 基于吞吐量的性能测试的设计是模拟单位时间内的业务量。设计的第一步就是计算系统的吞吐量。我们用下面的例子说明计算方法。

例 7-2 在某税务系统中, 税务申报业务的吞吐量以去年的数据为依据。去年全年处理业务约 100 万笔, 其中, 15% 的业务处理需向应用服务器提交 7 次请求; 70% 的业务处理需向应用服务器提交 5 次请求; 其余 15% 的业务处理需向应用服务器提交 3 次请求。且全年的业务量集中在 8 个月内完成, 每个月 20 个工作日, 每个工作日 8 个小时。

首先计算具体的业务处理时间。在计算时采用 80-20 原理, 每个工作日中 80% 的业务在 20% 的时间内完成, 即每天 80% 的业务在 1.6 小时内完成。

考虑到系统的发展, 业务量会随之扩大, 根据以往统计结果, 每年的业务增量为 15%, 考虑到今后三年业务发展的需要, 测试须按现有业务量的 2 倍进行。具体的计算如下:

每年总的请求数量为

$(100 \times 15\% \times 7 + 100 \times 70\% \times 5 + 100 \times 15\% \times 3) \times 2 = 300$ 万次 / 年

每天的请求数量为

$300/(8 \times 20) = 1.875$ 万次 / 天

每秒的请求数量为

$(18750 \times 80\%)/(8 \times 20\% \times 3600) = 2.60$ 次 / 秒

根据计算结果可知, 在正常使用情况下, 应用服务器处理请求的能力应达到: 3 次 / 秒。设计测试用例时, 可以模拟每秒发出 3 次请求来测试软件系统的性能。

3) 基于业务的测试用例设计

上面两个例子分别考虑了影响系统性能的两个方面的内容，将两者结合起来，这就得到了基于业务的测试用例设计方法。该方法在设计过程最重要的要求有两点，一是选择典型的业务场景进行测试，这要求这些业务场景的吞吐量较大，二是要求场景中的并发用户数目较大。

例 7-3   下面通过一个例子来说明性能测试的设计过程。该例子中我们需要对一个协同办公自动化系统进行性能测试，该系统可以容纳多个企业在线使用企业办公自动化系统（简称 OA 系统）。该系统需要容纳 10 家企业的管理工作，每家企业的人员在 50 人左右，考虑这些企业在未来的发展，以 5 年为限，每年人员增长 30%，最多时估计每家企业人员达 200 人。该系统包含的业务功能有信息发布、公共办公、个人办公、公文管理、日程管理、行政管理、通信等。根据需求并结合以前业务系统的响应时间，测试系统以最终确定响应时间和资源利用率，使其达到要求。具体的目标：普通页面响应时间小于 3 秒；复杂业务页面响应时间小于 5 秒；服务器 CPU 平均使用率小于 70%，内存使用率小于 75%。本例中仅仅选择常用的业务进行测试，包括查看电子邮件、发送电子邮件、查看个人当日日程、查看本人待处理业务、分配下属业务。

测试前期的准备过程中，首先验证系统的基础功能，组建测试团队，并且进行性能预备测试。这里先估算并发用户数和系统的吞吐量。本例中主要考虑响应时间。

第一步，估算并发用户数，该 OA 系统的最大并发用户数一般为系统使用人数的 5% ~ 30%，即每天最大在线人数 2000 × 30% = 600，此系统使用频度不高，根据方法三计算出最大并发用户数为 120(600 × 10% × 2 = 120)；根据功能可以进一步估算上述业务功能的最大并发用户数。本例中，可以直接对系统的最大并发用户数进行分配，估算各类功能的最大并发用户数。根据问卷调查，在访问系统的用户中，查看电子邮件的人占 40%、发送电子邮件的人占 10%、查看个人当日日程的人占 20%、查看本人待处理业务的人占 25%、分配下属业务的人占 5%。整理该 OA 系统的性能测试项，如表 7-2 所示。

表 7-2   OA 性能测试项

标识符	性能测试项	场景业务及用户比例分配	测 试 指 标	性能计数器
P_01	登录	1. 用户并发登录 2. 用户递增登录	1. 页面响应时间小于 5 秒 2. 服务器 CPU 平均使用率小于 70% 3. 内存使用率小于 75%	数据库服务器和应用服务器的 CPU 和内存使用率
P_02	查看电子邮件	1. 用户并发查看邮件 2. 用户递增查看邮件	同上	同上
P_03	发送电子邮件	1. 用户并发发送邮件 2. 用户递增发送邮件	同上	同上
P_04	查看个人当日日程	1. 用户并发查看个人日程 2. 用户递增查看个人日程	同上	同上

续表

标识符	性能测试项	场景业务及用户比例分配	测 试 指 标	性能计数器
P_05	查看本人待处理业务	1. 用户并发查看本人待处理业务 2. 用户递增查看本人待处理业务	同上	同上
P_06	分配下属业务	1. 用户并发分配业务 2. 用户递增分配业务	1. 页面响应时间小于 8 秒 2. 服务器 CPU 平均使用率小于 70% 3. 内存使用率小于 75%	同上
P_07	退出系统	1. 用户并发退出 2. 用户递增退出	1. 页面响应时间小于 5 秒 2. 服务器 CPU 平均使用率小于 70% 3. 内存使用率小于 75%	同上
P_08	日常综合业务工作测试项	1. 邮件查看占 40% 2. 发送邮件占 10% 3. 查看个人当日日程占 20% 4. 查看本人待处理业务占 25% 5. 分配下属业务占 5%	1. 普通页面响应时间小于 5 秒 2. 复杂业务页面响应时间小于 8 秒 3. 服务器 CPU 平均使用率小于 70% 4. 内存使用率小于 75%	同上

第二步，针对不同的测试任务建立测试用例，针对表 7-2 中的每个测试项，可以设计多个测试用例，模拟最大并发用户数和最大在线用户数。需要录制测试脚本，并建立对应的测试场景。这里录制 6 个脚本，包括登录业务、查看电子邮件、发送电子邮件、查看个人当日日程、查看本人待处理业务、退出系统。录制脚本时，需要通过调整思考时间来模拟实际的访问速度。录制完脚本后，开始根据用例的设计建立场景。本例中仅分别针对单一业务和综合业务各设计 2 个测试用例，如表 7-3 到表 7-6 所示。表 7-3 和表 7-5 是基于系统在线最大并发用户来设计的；表 7-4 和表 7-6 是基于最大在线用户数来设计的，如果要了解系统在超负荷下的系统性能，可以调整用户数再进一步测试。

表 7-3 OA 系统性能测试用例——登录业务测试用例 1

用例名称	登录业务测试用例 1			
功能	系统支持多个用户并发登录			
目的	测试多个并发用户下，系统处理登录的能力			
方法	模拟多个用户在线登录不同客户端，然后并发进入登录系统，利用 IP 欺骗使不同用户使用不同的 IP 地址），然后利用其完成测试			
并发用户数与事务执行情况				
并发用户数	事务平均 响应时间 /ms	事务最大 响应时间 /ms	事务成功率	每秒点击率	平均流量 (B/s)
50				
100				
……				

表 7-4　OA 性能测试用例——登录业务测试用例 2

用例名称	登录业务测试用例 2				
功能	系统支持多个用户并发登录				
目的	测试多个并发用户下，系统处理登录的能力				
方法	模拟多个用户在线登录不同客户端，然后并发进入登录系统，利用 IP 欺骗使不同用户使用不同的 IP 地址)，然后利用其完成测试				
并发用户数与事务执行情况					
并发用户数	事务平均响应时间 /ms	事务最大响应时间 /ms	事务成功率	每秒点击率	平均流量 (B/s)
120					
200					
……					

表 7-5　OA 性能测试用例——日常综合业务测试用例 1

用例名称	日常综合业务测试用例 1				
功能	并发用户达到高峰时，用户可以正常使用系统				
目的	系统有 120 个用户同时在线时，测试系统的性能指标是否达到要求				
方法	1. 用户登录 OA 系统，每 1 秒登录 10 个用户 2. 根据登录先后，选择操作人数要求：登录后查看电子邮件的人占 40%、发送电子邮件的人占 10%、查看个人当日日程的人占 20%、查看本人待处理业务的人占 25%、分配下属业务的人占 5%。测试中，每类操作执行时间至少为 30 分钟 3. 用户以每秒 10 个人的速度退出				
并发用户数与事务执行情况					
并发用户数	事务平均响应时间 /ms	事务最大响应时间 /ms	事务成功率	每秒点击率	平均流量 (B/s)
50					
100					
……					
并发用户数与服务器关系					
并发用户数	CPU 利用率	MEM 利用率		磁盘 I/O 参数	
50					
100					
……					

表 7-6　OA 系统性能测试用例——日常综合业务测试用例 2

用例名称	日常综合业务场景用例 2				
功能	在线用户达到高峰时，用户可以正常使用系统				
目的	系统在线用户达到高峰时，测试系统的性能指标是否达到要求				
方法	1. 用户登录 OA 系统，每 1 秒登录 10 个用户 2. 根据登录先后，仅有 120 人处理业务，选择操作人数要求：登录后查看电子邮件的人占 40%、发送电子邮件的人占 10%、查看个人当日日程的人占 20%、查看本人待处理业务的人占 25%、分配下属业务的人占 5%。每类操作执行时间每次至少 5 分钟。未处理业务的用户处于空闲状态 3. 用户以每秒 10 个人的速度退出				
并发用户数与事务执行情况					
并发用户数	事务平均 响应时间 /ms	事务最大 响应时间 /ms	事务成功率	每秒点击率	平均流量 (B/s)
120					
200					
……					
并发用户数与服务器关系					
并发用户数	CPU 利用率	MEM 利用率		磁盘 I/O 参数	
120					
200					
……					

注：测试时要分别记录事务平均响应时间、事务最大响应时间、事务成功率，便于分析系统瓶颈。

第三步，实施系统测试。首先建立测试环境，具体硬件环境如图 7-4 所示。这里可使用 2 台压力产生器，分别模拟并发用户。每台压力产生器分布式承担 1/2 的并发虚拟用户，当然也可以根据压力产生器的性能，分配不同的虚拟用户数，高性能的机器可以模拟较多的虚拟用户数。

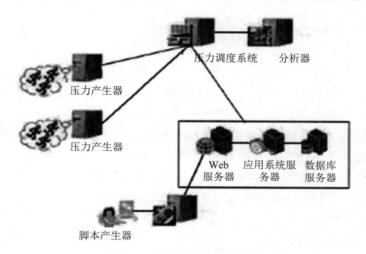

图 7-4　性能测试的硬件环境

第四步，执行测试用例。在运行场景的同时还要启动相关监控模块，监控应用服务器性能、网络状态、Web 服务器性能和数据库服务器性能等。本例重点是检测数据库服务器和应用系统服务器的 CPU 和内存使用率。通常，在场景运行后，自动化工具会生成标准报告，可以通过分析这个报告来分析整个系统性能，找到系统瓶颈。这一步骤通常需要由测试人员和开发人员共同完成。

4. 负载测试和压力测试

性能测试还涉及两类测试：负载测试和压力测试。

负载测试 (Load testing) 是指测试软件系统是否能够承担数据在超负荷环境中运行。通过模拟实际软件系统在所承受的负载条件下的系统负荷，通过逐渐增加模拟用户的数量或其他加载方式来观察不同负载下系统的响应时间和数据吞吐量、系统占用的资源 (如 CPU、内存) 等，以检验系统的行为和特性，从而发现系统可能存在的性能瓶颈、内存泄漏、不能实时同步等问题。

例如，针对一个公布彩票抽奖的网站进行测试，测试中奖号码公布后的一段时间内需要响应急剧增长的用户请求数，如图 7-5 所示。在负载测试中，通过设计测试用例来模拟 50 到 100 个用户，这就是常规性能测试。而当用户增加到 1000 乃至上万时就变成了负载测试。随着用户数的增加，软件系统的性能随之变化，在增加用户数的同时，在服务器端打开监测工具，查看服务器的 CPU 使用率、内存占用情况。如果有必要可以模拟大量数据输入对硬盘的影响等信息，并与需求进行对比，看是否能够达到要求。

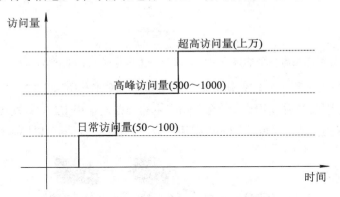

图 7-5　负载测试压力模拟示意图

压力测试 (Stress testing) 是指对系统不断施加越来越大的负载 (并发、循环操作、多用户、网络流量) 的测试。压力测试也可以理解为通过确定一个系统的瓶颈或者不能接受的性能点，来确定系统能提供的最大服务级别的测试。

例如，测试一个 Web 站点在大量的负荷下，系统的响应会何时退化或失败。以 J2EE 技术实现的 Web 系统为例，一般响应时间 3 秒以下可以接受，3～5 秒基本可以接受，5 秒以上就影响易用性了。压力测试的目标是找到当前软硬件环境下系统所能承受的最大负荷并帮助找出系统瓶颈所在。

再如，模拟软件系统中的业务量增加，如果每秒处理的业务量由原来的每秒 50 页增加到每秒 5000 页，通过逐渐增加访问量来考察系统的响应时间、CPU 的运行情况、内存的使用情况、网络的流量信息等各项指标数据，最终在性能可以接受的前提下测试系统可以支持的最大负载量。所以压力测试的结果应为明确的压力下的系统性能体现。

5. 性能测试工具

性能测试工具通常指用来支持压力测试、负载测试，能够录制和生成脚本，设置和部署场景，产生并发用户和向系统施加持续压力的工具。性能测试工具通过实时性能监测来确认和查找问题，并针对发现的问题对系统性能进行优化，确保应用的成功部署。性能测试工具能够对整个企业架构进行测试，通过这些测试企业能最大限度地缩短测试时间、优化性能和加速应用系统的发布周期。常见的 Web 性能测试工具如表 7-7。

表 7-7　部分常见的 Web 性能测试工具

工　具	说明及官方网站
Apache JMeter	Apache JMeter 是一款开源的性能测试工具，可以辅助插件使用 https://jmeter.apache.org/
XSea	XSea 是 PerfMa 笨马旗下的全链路压测平台 https://www.perfma.com/product/xsea
PTS	PTS 是阿里旗下的一款简单易用、具备强大的分布式压测能力的 SaaS 压测平台 https://www.aliyun.com/product/pts
KylinPET	KylinPET 是广州掌动智能科技的一款功能强大的性能测试工具 https://www.70testing.com
压测宝	压测宝是云智慧（北京）科技旗下的一款面向用户体验和全链路的云压力测试平台 http://www.yacebao.com/
Apache Bench	Apache Bench 是 Apache 服务器的一个 Web 命令行压力测试工具，简称 ab https://httpd.apache.org/
NeoLoad	NeoLoad 是 Tricentis 的一种负载性能测试工具 https://www.tricentis.com/products/performance-testing-neoload
WebLOAD	WebLOAD 是来自 Radview 公司的负载测试工具，模拟大量用户负载，构建复杂的场景，并识别性能瓶颈 https://www.radview.com/
Loadster	Loadster 是一款商用负载测试软件，用于测试高负载下网站、Web 应用、Web 服务的性能表现，支持 Linux，Mac 和 Windows 等运行环境 https://loadster.app/
Locust	Locust 是一个易于使用、可编写脚本且可扩展的开源性能测试工具 https://github.com/locustio/locust
LoadRunner	Micro Focus 公司性能测试工具 https://www.microfocus.com/zh-cn/products

这里只介绍了部分 Web 性能测试工具，其他性能测试工具还有 Android、iOS 等移动端测试工具，如 Emmagee、Systrace、Mobileperf 等。

7.4　其他系统测试

7.4.1　用户界面测试

对于软件产品而言，良好的外观往往能够吸引眼球，激发顾客 (用户) 的购买、使用欲望，最终达成商业利益。在软件设计中，良好的人机界面设计越来越受到系统分析人员、设计人员的重视。软件界面设计既强调张扬个性，又要实用，那么，如何衡量图形用户界面的好坏呢？"不立规矩无以成方圆"，其实在软件的设计过程中，用户界面 (UI，User Interface) 的标准已经在不知不觉中确立了。为了确保用户界面向用户提供了适当的访问浏览信息、方便的操作，就有了图形用户界面测试 (GUI，Graphics User Interface Testing)。

软件界面的测试往往要求界面易用、规范、美观、整洁，消除新用户对软件的生疏感，使老用户更易上手，充分利用已有使用经验，尽量少犯错误，且从中突出软件的特性。在对软件界面进行测试时，可以从以下角度进行。

1. 易用性

UI 界面首先要方便用户的使用。在易用性测试上，我们分三个方面来进行：一是文字表述上的易用性，二是界面布局上的易用性，三是输入操作上的易用性。

用户界面上的文字表述都应该言简意赅、表述清楚。软件系统的界面往往包括很多元素，比如：对于界面上的菜单、图标、按钮、文字说明 (包括界面文字说明以及反馈提示信息的文字说明) 等，要求尽量做到望文识义、用词准确，摒弃模棱两可的字眼。理想的情况是用户不用查阅帮助就能知道该界面的功能并进行相应的正确操作。

在界面布局上要安排合理，提高易用性。在界面安排上，将重点功能放到醒目的位置，相近功能、内容应集中布置，方便用户的查找、操作。具体来讲，屏幕对角线相交的位置或者正上方四分之一处的位置是用户直视的地方，更易吸引用户注意力；同时，要对操作、信息进行分区域集中，避免鼠标移动过大的距离，最好能够支持键盘自动浏览按钮功能。

界面上的输入操作工具包括键盘和鼠标等，应能够方便进行界面上的所有输入操作。这些操作在实际的使用中包含很多内容，如文字、数字、大小写、输入焦点的变化等。具体测试的内容有两个方面：一是各种输入的切换，如 Tab 键、回车键的自动切换；二是简化输入，如提供合理的使用选项框、默认值等。

2. 一致性

一致性是对软件界面的一个基本要求，是为了帮助用户更快地适应软件系统的使用。这种一致性包括三类：一是软件界面和操作系统的一致性，二是其和同类软件的一致性，三是其和行业标准的一致性。

测试软件界面是否和操作系统保持一致。界面和操作系统保持一致可以使用户在使用时很快熟悉软件的操作环境，比如：提示信息、菜单、状态栏、对齐方式、帮助信息、通用图标等。

测试软件界面是否和同类软件保持一致。这种一致性也是为了使用户尽快熟悉软件的使用环境，同时避免对相关软件操作的理解产生歧义。如 WPS 和 MS Office 在界面布局、操作、快捷输入上都有很多相同、相似的地方。

测试一致性的第三个方面是针对行业软件的设计而言的，每个行业都有自己的一套标识体系，在设计时尽可能了解软件行业的符号体系，要按照行业规范来测试软件的界面表示。

3. 美观与协调性

界面应该大小适合，符合美学观点，给人协调舒适感，能在有效的范围内吸引用户的注意力。在测试时，强调从用户的角度、审美观点去看待待测软件。既不能过于"大俗"，又不能过于"大雅"。具体的检测项包括窗体的长宽比例、文字效果 (文字在界面的大小比例显示)、前景与背景色搭配、菜单的组织等。在实际的软件设计中，对于美观和协调性的设计，会有专业的美工人员介入，这样有助于设计出好的界面。

4. 用户动作性测试

用户动作性测试主要用于测试软件是否能够帮助用户简化操作、记忆操作命令等，使得用户在"偷懒"的情况下仍然可以自由地使用系统。在测试上往往涉及以下方面。一是记忆用户的历史输入，比如登录过程中的用户名、密码等。二是记忆用户的历史操作，比如记录曾经打开的文件、动作的可逆性 (Undo/Redo)，甚至可以设计 Undo/Redo 的步长等。三是向导功能。对于复杂的功能可以通过向导来引导用户，如系统是否提供"所见即所得 (WYIWG)"或"下一步提示"的功能 (比如预览) 等。四是在线帮助功能，如用户在使用时是否能随时开启帮助文档 (F1 快捷方式)。

5. 独特性

若一味地遵循行业的界面标准，则会丧失自己的个性。在框架符合相关规范的情况下，设计具有自己独特风格的界面尤为重要。尤其在商业软件流通中，独特的界面会潜移默化地起到广告作用，如国内的软件安全卫士 360 界面、腾讯 QQ 界面等。

6. 安全性

在 GUI 的安全性测试方面，主要测试软件在界面上能否通过其表现形式控制软件的出错概率，减少人为错误对系统的破坏。开发者应当尽量周全地考虑各种可能发生的问题，使出错的可能降至最低。具体的测试内容包括两个方面：一是限制输入，测试系统是否能够避免用户无意录入无效的数据，在输入有效性字符之前，应该阻止用户进行只有输入之后才可进行的操作；二是输入格式化，是指在读入用户所输入的信息时，根据需要选择是否去掉前后空格 (有些读入数据库的字段不支持中间有空格，但用户却需要输入中间空格，这就需要在程序中加以处理) 等。

7.4.2　兼容性测试

兼容性测试 (Compatibility Testing) 指测试软件在一个特定的硬件 / 软件 / 操作系统 / 网络等环境下能否正常运行，其目的就是检验被测软件对其他应用软件或者其他系统的兼容性。比如在对一个共享资源 (数据、数据文件或者内存) 进行操作时，检测两个或多个系统面对需求时能否正常工作以及交互使用。在做兼容性测试时，主要关注如下几个问题：

(1) 当前系统可能运行在哪些不同的操作系统环境下？

(2) 当前系统可能与哪些不同类型的数据库进行数据交换？

(3) 当前系统可能运行在哪些不同的硬件配置环境下？

(4) 当前系统可能需要与哪些软件系统协同工作？这些软件系统可能的版本有哪些？

(5) 是否需要进行综合测试？

对于单机软件或客户端 / 服务器端 (C/S) 软件系统的测试，主要关注操作系统的兼容性，但随着 Web 系统的广泛应用，浏览器的兼容性也变得越来越重要。Web 系统应用既要测试服务器端的兼容性，也要关注客户端的软件版本的兼容性。比如，服务器上可以采用 IIS + PHP4、IIS + PHP5、Apach + PHP4、Apach + PHP5 发布数据，数据库可以采用 MySQL、Oracle，而客户端可以采用 Opera、GreenBrowser、Mozilla Firefox、Tencent Traveler(腾讯 TT 浏览器)、Edge、Google Chrome。采用黑盒测试的方法时，该组合数有 $4 \times 2 \times 6 = 48$ 种，需要构造这些组合环境进行测试。

7.4.3　安全性测试

安全性测试 (Security Testing) 用来验证集成于系统内的保护机制是否能够在实际中保护系统不受到非法入侵。软件系统的安全要求是：系统除了能经受住正面攻击，还必须能够经受住侧面和背后的攻击。如今，随着网络的飞速发展，网络 (内部网络、外部网络) 对系统的敏感信息进行有意或无意攻击的行为越来越多，如黑客侵入、报复攻破系统、非法牟利等。软件系统安全测试已成为一个越来越不容忽视的问题。

软件系统的安全性一般分为三个层次，即应用程序级别的安全性、数据库的安全性以及系统级别的安全性。针对不同的安全级别，其测试策略和方法也不相同。

1. 应用程序级别的安全性测试

应用程序级别的安全性测试是指在系统运行时对安全设置方面的测试。具体的测试点包括三个方面：一是用户管理和访问控制测试，如用户认证管理、用户的权限、用户登录密码是否可见和可复制、是否可以通过绝对路径登录系统、用户退出系统后是否删除了所有鉴权标记等。二是通信加密测试，测试是否对通信数据采用 VPN(虚拟专用网络) 加密技术、对称或非对称加密技术、Hash 加密等。三是安全日志测试。另外，严格的应用程序级别的安全测试还包括检测系统程序代码中是否包含不经意留下的后门、设计上的缺陷或编程上的问题。

2. 数据库的安全性测试

对数据库的安全性测试包括三个方面：一是数据库系统用户权限；二是存储保护；三

是数据库备份和恢复。大多数的数据库系统有很多安全漏洞，它们的默认权限设置通常不正确，如打开了不必要的端口、创建了很多演示用户，一个著名的例子是 Oracle 的演示用户（用户名为 Scott，密码为 Tiger）。加强数据库安全的措施很多，如关闭任何不需要的端口，删除或禁用多余的用户，并只给一个用户完成其任务所必需的权限；又如确定系统（比如银行系统）数据是否机密，是否需要加密存储等。

3. 系统级别的安全性测试

系统级别的安全性，可确保只有具备系统访问权限的用户才能访问应用程序，而且只能通过相应的网关来访问，包括对系统的登录或远程访问。对系统进行的安全性测试是指，核实是否只有具备系统和应用程序访问权限的操作者才能访问系统和应用程序。另外，系统还需要设置基本的安全防护，如防火墙、入侵检测、安全审计等，以及 Web 系统是否按要求安装 Web 信息防篡改系统。

软件系统的安全性测试策略采用的手段包括对测试项进行扫描和模拟入侵。一般扫描的成本较低，流行的工具也较多。具体的扫描类型包括端口扫描、用户账户及密码扫描检查（包括应用系统的账户、操作系统账户、数据库管理系统的账户）、网络数据扫描、已知缺陷扫描（利用已有的缺陷扫描工具来扫描确认系统是否存在已知的缺陷）、程序数据扫描（如内存扫描等）。

对于软件系统的安全性测试策略，可以从正向和反向两个层面来考虑，正向测试过程是指从系统的需求分析、概要设计、详细设计、编码这几个方面来发现可能存在安全隐患的地方，并以此作为测试空间来进行测试。而反向测试过程是指从缺陷空间出发，在软件中寻找可能的缺陷，建立缺陷威胁模型，通过威胁模型来寻找入侵点，对入侵点进行已知漏洞的扫描测试。对安全性要求较低的软件，一般按反向测试过程来测试即可；对于安全性要求较高的软件，应以正向测试过程为主，反向测试过程为辅。

7.4.4 其他测试类型

1. 健壮性测试

健壮性指软件系统在异常情况下能够正常运行的能力。健壮性有两层含义：一是容错能力，二是恢复能力。狭义上，健壮性测试又被称为容错性测试，主要是测试系统在出现故障时，是否能够自动恢复或者忽略故障继续运行。

健壮性测试重点考察两个方面的健壮性：一是软件自我保护，二是硬件自我保护。软件自我保护是指软件的容错，以及在软件出错的情况下系统有自动触发硬件失效事件、自动存储数据、自动备份数据、自动记录工作断点信息等功能。并且在系统重启后，能够从断点处继续作业。最常见的软件保护如 Microsoft Office Word 的自动存盘功能。硬件自我保护是指系统在发生硬件故障后能否自动切换或启动备用设备。

进行健壮性测试时，可以采取各种人工方法使软件出错、中断使用、系统崩溃、硬件损坏、网络出错、掉电，进而检验系统是否能够继续工作，检查系统的容错和恢复能力。系统恢复的方式包括自动和手动两类，这就要求分别进行测试。对于自动恢复，需验证重新初始化、检查点、数据恢复和重新启动等机制的正确性；对于人工干预的恢复系统，还需估测平均修复时间，确定其是否在可接受的范围内。

2. 安装 / 卸载测试

安装 / 卸载测试是指对软件的全部、部分的升级安装或卸载处理过程进行的测试。其目的是检测系统的各类安装 (如典型、全部、自定义、升级等的安装) 和卸载是否全面、完整，是否会影响其他软件系统，硬件的配置是否合理。目前，在线升级已经成为大多数软件的基本功能之一，在测试的时候，对于在线升级应该特别对待：除了测试软件能否正常升级，还要测试升级过程中，网络中断后能否继续正常升级，以及容量较大的升级包是否支持断点续传的功能等。在具体测试时，至少在标准配置和最低配置环境下进行。

3. 疲劳测试

疲劳测试是指在一段时间内 (经验上一般是连续 72 小时) 保持系统功能的频繁使用，检查系统是否发生功能或性能上的问题。疲劳测试可以采用工具来完成，主要检查系统的稳定性 (比如程序在负载时是否会崩溃) 以及系统的资源占用情况是否合理 (比如是否出现内容泄露、CPU 暴涨或某资源使用之后不释放等问题) 或者是否会出现异常 (比如系统不能正常运行)。

4. 可用性测试

按照国际标准化组织 ISO 9241 的定义，可用性是指"特定用户通过使用产品在某一特定使用范畴内有效、高效和满意地实现预期目标的程度"。可用性是和用户息息相关的，它关注用户能否用产品完成他的任务，效率如何，主观感受怎样，从而直接决定了产品使用的实际效果。

可用性专家 Nielsen 认为站点的可用性由 5 个因素决定：可学习性、可记忆性、使用时的效率、使用时的可靠程度、用户的满意程度。而测试也可以从这 5 个方面入手。测试时可以采用用户操作、观察 (录像)、问卷调查、访谈、焦点小组等方法。

5. 可靠性测试

可靠性是指在一定的环境下、给定的时间内，系统不发生故障的概率。可靠性测试包括的内容非常广泛。在性能测试方面，可靠性测试中的一定环境就是指对系统加载一定压力 (如资源使用率在 70%～90% 下) 并运行给定时间的情况。通常使用以下几个指标来度量系统的可靠性：平均失效间隔时间是否超过规定时限；因故障而停机的时间在一年中应不超过多少时间。

6. 强度测试

强度测试用来检查程序对异常情况的抵抗能力。强度测试总是迫使系统在异常的资源配置下运行。例如：在中断的正常频率为每次一至两个小时的情况下，运行系统使每秒产生十个中断的测试用例；定量地提高数据输入率，检查输入子功能的反应能力；运行需要最大存储空间 (或其他资源) 的测试用例；运行可能导致虚存操作系统崩溃或磁盘数据剧烈抖动的测试用例；等等。

7. 容量测试

容量测试用来检验系统的能力最高能达到什么程度。容量测试是面向数据的，在系统正常运行的范围内进行，以确定系统能够处理的数据容量，也就是观察系统承受超额的数据容量的能力。例如，对于操作系统，让它的作业队列"满员"，即在系统的全部资源达到"满负荷"的情形下，测试系统的承受能力。

8. 配置测试

配置测试是指在不同的硬件配置下，在不同的操作系统和应用软件环境中，检查系统是否发生功能或者性能上的问题，从而了解不同环境对系统性能的影响程度，找到系统各项资源的最优分配。一般需要建立测试实验室。

9. 文档测试

文档测试是指对系统提交给用户的文档进行验证，检查系统的文档是否齐全，检查是否有多余文档或者死文档，检查文档内容是否正确、规范、一致。通过文档测试保证用户文档和操作手册的正确性。文档测试一般由单独的一组测试人员实施。文档测试可以辅助系统的可用性测试、可靠性测试，亦可提高系统的可维护性和可安装性。

7.5 Web系统的测试

Web 系统因其广泛性、交互性、快捷性和易用性等特点越来越受到企业和个人的青睐。与此同时，Web 系统的质量问题和可靠性也倍受人们关注。因此，通过测试工作保证 Web 应用的质量变得越来越重要。

7.5.1 Web 系统结构概述

在 Web 系统结构中，用户通过浏览器向分布在网络上的许多服务器发出请求，服务器对浏览器的请求进行处理，将用户所需信息返回到浏览器。实际上 Web 系统结构是把二层 C/S 结构的事务处理逻辑模块从客户机的任务中分离出来，由 Web 服务器单独组成一层来负责该模块，这样客户机的压力减轻了，把负荷分配给了 Web 服务器。因此，Web 系统优点如下：首先，它可以节省客户机的硬盘空间与内存，使安装过程更加简便、网络结构更加灵活。其次，它简化了系统的开发和维护。系统的开发者无须再为不同级别的用户设计开发不同的客户应用程序，只需把所有的功能都实现在 Web 服务器上，并就不同的功能为各个组别的用户设置权限即可。各个用户通过 HTTP 请求在权限范围内调用 Web 服务器上的不同处理程序，从而完成对数据的查询或修改。最后，它使用户的操作变得更简单。

由于 Web 系统的设计、开发、运行方式和传统软件有很大的区别，所以其测试与传统的软件测试也有些不同，本节将从以下几个角度（功能测试、性能测试、兼容性测试、可用性测试、安全测试和安装测试）来讨论其测试内容。

7.5.2　Web 系统的功能测试内容

功能测试是系统测试中最基础的测试，它不关注软件内部的实现逻辑，主要根据产品规格说明书和测试需求列表，来验证产品的功能实现是否符合产品的需求规格。功能测试要求测试设计者对产品的规格说明、需求文档、产品业务功能都非常熟悉，同时对测试用例的设计方法有一定掌握。只有这样才能设计出好的测试方案和测试用例，高效地进行功能测试。基于 B/S(浏览器 / 服务器) 结构的 Web 系统的功能测试一般包括以下几个方面的内容。

1. 表单测试

系统通过表单来完成系统的各项功能，表单测试重点包括三个方面：单一表单的功能验证、多表单业务流测试、数据验证。

单一表单的功能验证主要是测试表单是否按照需求正常工作，顺利完成功能要求。比如，使用表单来进行在线注册，要确保提交按钮能正常工作；当注册完成后应返回注册成功的消息。要测试这些程序，需要验证服务器能否正确保存这些数据，以及后台运行的程序能否正确解释和使用这些信息。

多表单业务流测试是指对应用程序的特定的具有较大功能的业务需求进行验证。例如，尝试用户可能进行的所有操作，比如：下订单、更改订单、取消订单、核对订单状态、在货物发送之前更改送货信息、在线支付等。验证这些业务流程是否完整、正确。

数据验证主要是通过验证表单提交的完整性，以校验提交给服务器的信息的正确性和完整性。例如，对于用户注册、登录、信息提交等，如果使用了默认值，则要检验默认值的正确性。如果表单只能接受指定的某些值，则也要进行测试。例如：如果表单只能接受某些字符，测试时可以跳过这些字符，看系统是否会报错。

表单测试可以采用黑盒测试的方法来完成，具体可以采用手工测试和自动化测试来完成。

2. 链接测试

链接是 Web 软件系统的一个重要特征，是在页面之间切换和指导用户去一些不知道地址的页面的主要手段。在众多的网页中，链接测试可分为三个方面。首先，是否按指示的那样确实链接到了指示页面；其次，链接的页面是否存在，若不存在，则应设计出友好的提示信息页面，告知用户请求的页面不存在或给出相应的提示语；最后，保证 Web 应用系统上没有孤立的页面。所谓孤立页面是指没有链接指向，只有知道正确的 URL 地址才能访问的页面。另外在测试过程中，还需要注意，链接用语应言简意赅，链接指示具有可读性且可操作性强。

在 Web 系统中，软件系统都包含大量的页面，每个页面也包含了众多的链接，可以通过工具自动进行测试以提高效率。目前已经有许多工具可以采用，如 Xenu Link Sleuth、HTML Link Validator。

3. Cookies 测试

Cookies(小型文本文件) 通常用来存储用户信息和用户对应用系统的操作信息。当一个用户使用 Cookies 访问了某一个应用系统时，Web 服务器应发送关于用户的信息，把该信息以 Cookies 的形式存储在客户端计算机上。

如果 Web 应用系统使用了 Cookies，就必须检查 Cookies 是否能正常工作。对 Cookies 的测试主要从以下三个方面进行：一是 Cookies 是否起作用，二是 Cookies 是否按预定的时间进行保存，三是刷新对 Cookies 有什么影响。如果在 Cookies 中保存了注册信息，应确认该 Cookies 能够正常工作而且已对这些信息进行加密。如果使用 Cookies 来统计次数，则需要验证次数累计正确。

基本的 Cookies 测试方法是黑盒测试，在测试过程中可以通过工具查看 Cookies 中的信息。可以选择工具如 IECookiesView、Cookies Manager，也可通过浏览器的开发者工具进行测试。

4. 数据库测试

在 Web 应用技术中，数据库起着重要的作用，数据库为 Web 应用系统的管理、运行、查询，以及用户对数据存储请求的实现等提供空间。在 Web 应用中，最常用的数据库是关系型数据库，可以使用 SQL(结构化查询语言) 对信息进行处理。数据库测试包括测试实际数据的正确性和数据的完整性 (以确保数据没有被误用)，以及测试数据库结构设计的正确与否，同时也对数据库应用进行功能性测试。

在使用了数据库的 Web 应用系统中，一般情况下，可能发生两种错误：数据一致性错误和输出错误。数据一致性错误主要是由用户提交的表单信息的不正确引起的，而输出错误主要是由网络速度或程序设计问题等引起的。针对这两种情况，可分别进行测试。数据库测试可以和表单测试结合起来进行。

功能测试主要使用白盒测试技术和黑盒测试技术，还可以采用边界测试和越界测试技术。

7.5.3　Web 系统的性能测试内容

一个网络用户通常遇到的问题是，单击一个链接或者提交一个表单，需要相当长的时间才能得到服务器反馈的页面。这样的 Web 应用系统即使功能再强大，也会因为性能问题失去用户。在如今的 Web 应用系统研发中，性能测试的地位逐步提高。这里的性能测试指广义上的性能测试。

Web 系统的性能测试一般包括三个方面的内容：响应时间测试、负载测试、压力测试。

1. 响应时间测试

在 Web 应用软件中，软件的大部分功能是在服务器端实现的，而客户端仅是通过浏览器查看服务器发来的信息。这种结构下的应用软件对连接速度的要求是较高的。当用户访问页面时，如果 Web 系统响应时间太长 (例如超过 5 s)，用户就会因失去耐心而离开。

影响速度的因素包括数据请求的网络延迟、服务器的处理时间和信息返回的网络延时。抛开服务器处理时间来看，它一方面和用户连接到应用系统的速度有关，如和上网方式有关，用户可能使用 ADSL(非对称数字用户环路)，或使用宽带上网；另一方面，和 Web 系统的在线网络情况有关，如受到网络的中间路由这一网络情况的影响。

在种种因素的影响下，会出现三种结果，一是客户离开。二是有些页面有超时的限制，如果响应速度太慢，用户可能还没来得及浏览完内容，就需要重新登录了。三是连接速度太慢，还可能引起数据丢失，使用户得不到真实的页面。

进行响应时间测试时，一方面要考虑用户的网络情况，另一方面要考虑服务器端的网络情况，这样测试的响应时间才是真实有效的。对于最终的 Web 应用系统用户而言，一个链接速度慢的系统是不受用户欢迎的，因此可通过测试链接速度找出问题的原因并对系统进行优化。

2. 负载测试

负载测试是指测量系统在某一负载级别上的性能，以保证系统能在需求范围内正常工作。负载级别可以是某个时刻同时访问 Web 系统的用户数量，也可以是在线处理数据的用户数量。例如：应用系统能允许多少个用户同时在线？如果超过了这个数量，会出现什么现象？应用系统能否处理大量用户对同一个页面的请求？

负载测试应该安排在 Web 系统发布以后，在实际的网络环境中进行。因为一个企业内部员工，特别是项目组人员总是有限的，而一个系统能同时处理的请求数量将远远超出这个限度，所以，只有将系统放在网络上接受负载测试，测量结果才是正确可信的。

3. 压力测试

压力测试实际上是一种破坏性测试，测量一定用户数的压力下系统的反应。压力测试是指测试系统的极限和故障恢复能力，也就是测试应用系统会不会崩溃，在什么情况下会崩溃。黑客常常提供错误的数据负载，直到应用系统崩溃，接着当系统重新启动时获得存取权。

压力测试包括测试 Web 应用系统会不会崩溃，在什么情况下会崩溃，崩溃以后会怎么样。在 Web 应用系统性能测试的过程中，常常将压力测试和负载测试结合起来。在负载测试的基础上，增大用户数，直到系统崩溃。

目前，性能测试主要是采用测试工具进行的，首先通过模拟成千上万的用户对被测应用的操作和请求，在实验室环境下精确重现生产环境下任意可能出现的业务压力；然后通过在测试过程中获取的信息和数据来确认和查找软件的性能问题，分析性能瓶颈。压力测试的区域包括表单、登录界面和其他信息传输页面等。

7.5.4　其他测试内容

除了功能测试和性能测试两大内容外，Web 系统还有许多其他的测试内容，并且也相对重要，可以根据 Web 项目的特点和需求规格要求进行选择。这里重点介绍以下四个方面的内容。

1. 兼容性测试

兼容性测试的目的是测试系统对其他应用或者系统的兼容性。这种测试经常被忽略，并且兼容性方面的错误通常很微妙且难以发现。例如，系统在手动的测试实验室中工作得很好，但当它和其他应用一起运行时却不能正常工作。考虑兼容性测试时需要注意以下问题：当前系统可能运行在哪些不同的操作系统环境下，当前系统可能与哪些不同类型的数据库进行数据交换，当前系统可能部署在哪些不同的硬件配置环境下，当前系统可能需要与哪些软件系统协同工作，等等。Web 系统软件测试一般包括以下几个方面的内容。

1) 平台测试

市场上有很多不同类型的操作系统，最常见的有 Windows、Unix、Macintosh、Linux 等。Web 应用系统的用户最终究竟使用哪一种操作系统，取决于用户系统的配置。这样，可能会发生兼容性问题，同一个应用可能在某些操作系统下能正常运行，但在另外的操作系统下可能会运行失败。因此，在系统发布之前，需要在各种操作系统下对系统进行兼容性测试。

2) 客户端兼容性测试

在客户端，用户通过浏览器访问 Web 服务，具体的测试内容主要包括两个部分：一浏览器兼容性测试，二是分辨率测试。

浏览器兼容性测试主要是指在不同的浏览器环境下对 Web 应用的显示做测试。浏览器版本有Internet Explorer、Edge、FireFox、Google Chrome、Safari、Opera、360、QQ 浏览器等，不同厂商的浏览器对 Java、Javascript、ActiveX、Plug-ins 或不同的 HTML 规格有不同的支持。例如，ActiveX 是 Microsoft 的产品，是为 Internet Explorer 而设计的，Javascript 是 Netscape 的产品，Java 是 Sun 的产品，等等。另外，框架和层次结构风格在不同的浏览器中也有不同的显示，甚至根本不显示。不同的浏览器对安全性和 Java 的设置也不一样。浏览器兼容性测试的主要技术是创建一个兼容性矩阵，在这个矩阵中，测试不同厂商、不同版本的浏览器或平台对某些构件和设置的适应性，以及根据矩阵组合进行手工测试。

分辨率测试主要是测试在不同分辨率下，常见的主流分辨率如：1920 dpi × 1280 dpi、1920 dpi × 1200 dpi、1680 dpi × 1050 dpi、1280 dpi × 800 dpi、2560 dpi × 1440 dpi 等，页面版式是否能够正常显示。字体是否太小或者是太大以至于无法浏览？文本和图片是否对齐？分辨率测试采用的基本方法是手工测试。

3) 打印机等接入硬件测试

用户可能会将网页打印下来，比如，管理员需要把各种查询统计结果打印出来。因此要测试打印问题，验证网页打印是否正常。有时在屏幕上显示的图片和文本的对齐方式可能与打印出来的格式不一样。

同时系统还有可能接入其他硬件设备，如高拍仪、摄像头、扫描仪等。这些都需要进行相关功能测试。

2. 可用性测试

满足用户需求、易于用户使用的 Web 应用系统才是好的系统。Web 应用系统最终要面向 Web 用户，系统给用户的印象是非常重要的。如果网站不规范、很难使用或者部分功能不能运行，将会使用户对网站失去信心，最终造成用户流失的后果。可用性测试和可操作性测试有很高的相似性，它们都是为了检测用户在理解和使用系统方面的体验。在实际测试时，往往把这两者放到一起进行考虑，很少去严格区别两者之间的关系。Web

应用系统的可用性测试的基本内容包括导航测试、图形测试、内容测试、表格测试、整体界面测试等。

1) 导航测试

导航描述了用户在一个页面内操作的方式。在不同的用户接口控制之间，例如按钮、对话框、列表和窗口等；或在不同的连接页面之间，通过考虑下列问题，如导航是否直观，系统的主要部分是否可通过主页存取，系统是否需要站点地图、搜索引擎或其他导航的帮助，决定一个应用系统是否易于导航。

导航测试一方面是检测导航的准确性和简洁性。在一个页面上放太多的信息往往起到与预期相反的效果，Web 应用系统的用户趋向于目的驱动，即很快地扫描一个 Web 应用系统，看是否有满足自己需要的信息，如果没有，就会很快地离开。很少有用户愿意花时间去熟悉 Web 应用系统的结构，因此，Web 应用系统导航要尽可能准确。

导航测试的另一个重要方面是检查应用系统的页面结构、导航、菜单、连接的风格是否一致。确保用户凭直觉就能知道应用系统里面是否还有内容，内容在什么地方。

Web 应用系统的层次一旦确定，就要着手测试用户导航功能，最终让用户参与这种测试，效果将更加明显。

2) 图形测试

网页是由文字和图形组成的，图形既可以起到美化网页的作用，也可以被用来做广告宣传。一个 Web 应用系统的图形可以包括图片、动画、边框、颜色、字体、背景、按钮等。图形测试的内容有：

(1) 要确保图形有明确的用途。图片或动画不要胡乱地堆在一起，以免浪费传输时间。Web 应用系统的图片尺寸要尽量小，并且要能清楚地说明某件事情，一般应被连接到某个具体的页面。

(2) 验证所有页面字体的风格是否一致。

(3) 背景颜色应该与字体颜色和前景颜色搭配。

(4) 由于网络传输对传输的数据量有一定的要求，不能无止境地添加网页中的图片，另外，也不能随便地放置图片，应该符合一定的审美要求。图片的大小和质量也是一个很重要的因素，一般采用压缩为 JPEG 或 GIF 格式的图片，最好使图片的大小减小到 30 KB 以下。

(5) 需要验证文字环绕是否正确。如果说明文字指向右边的图片，应该确保该图片出现在右边。不要因为使用图片而使窗口和段落排列古怪或者出现孤行。

通常来说，使用少许或尽量不使用背景是个不错的选择。如果想用背景，那么最好使用单色的，和导航条一起放在页面的左边。应注意，图片可能会转移用户的注意力。

3) 内容测试

内容测试用来检验 Web 应用系统提供信息的正确性、准确性和相关性。信息的正确性是指信息是可靠的。例如，在商品价格列表中，错误的价格可能引起财政问题甚至导致法律纠纷；信息的准确性是指没有语法或拼写错误。这种测试通常使用一些文字处理软件来进行，例如使用 Microsoft Office Word 的"拼写和语法"功能；信息的相关性是指可以在当前页面找到与当前浏览信息相关的信息列表或入口，也就是找到一般 Web 站点中的所谓"相关文章列表"。

对于开发人员来说，可能先有功能然后才有对这个功能的描述。大家坐在一起讨论一些新的功能，然后开始开发。在开发的时候，开发人员可能不注重文字表达，他们添加文字可能只是为了对齐页面。不幸的是，这样出来的产品可能造成严重的误解。因此，测试人员和公关部门首先要一起检查内容的文字表达是否恰当。否则，公司可能陷入麻烦之中，也可能面临法律方面的问题。其次，测试人员应确保站点看起来专业，过度地使用粗体字、大字体和下画线可能会让用户感到不舒服。在进行用户可用性方面的测试时，最好先请图形设计专家对站点进行评估。一篇到处是黑体字的文章会显得设计人员很不专业。最后，需要确定是否列出相关站点的链接。很多站点希望用户将邮件发到一个特定的地址，或者从某个站点下载浏览器。但是如果用户无法点击这些地址，他们可能会感到困惑。

4) 表格测试

需要验证表格设置是否正确。用户是否需要向右滚动页面才能看见产品的价格，把价格放在左边，而把产品细节放在右边是否更有效。检查每一栏的宽度是否足够，表格里的文字是否都有折行，是否有因为某一格的内容太多，而将整行拖长，造成其他单元格过于空旷、不美观的情况。

5) 整体界面测试

整体界面设计要求整个 Web 应用系统的界面结构应带给用户一种整体感。检测项目包括：当用户浏览 Web 应用系统时是否感到舒适，是否凭直觉就知道要找的信息在什么地方，整个 Web 应用系统的设计风格是否一致。

可用性测试主要使用的测试手段如下：

第一，通过页面走查，浏览确定使用的页面是否符合需求。可以结合兼容性测试，查看不同分辨率下的页面显示效果，如果有影响应该要求设计人员提出解决方案。

第二，可以结合数据定义文档查看表单项的内容、长度等信息。

第三，对于动态生成的页面最好也能进行浏览查看。如对于 Servelet 部分，可以结合编码规范，进行代码走查；测试是否支持多语言；如果数据用 XML，考虑封装要做的工作会多一点；等等。

一般，Web 应用系统采取在主页上做一个调查问卷的形式，来得到最终的用户反馈信息。对所有的用户界面测试工作来说，都需要有外部人员 (与 Web 应用系统开发没有联系或联系很少的人员) 的参与，最好是有最终用户的参与，并采取手动测试措施。

3. 安全测试

作为 Web 应用系统，常受到病毒和非法入侵的攻击，数据传输会被非法截获和伪造传递。因此，Web 服务器安全性的测试是非常重要的内容。通常，Web 应用系统的安全性测试区域主要有：

(1) 现在的 Web 应用系统基本采用先注册、后登录的方式。因此，必须测试有效和无效的用户名和密码，要注意大小写是否敏感，密码输入可以试的最多次数，是否可以不登录而直接浏览某个页面，等等。

(2) Web 应用系统是否有超时的限制，也就是说，用户在登录后的一定时间内 (例如

10 分钟) 没有点击任何页面，是否需要重新登录才能正常使用。

(3) 当使用了安全套接字时，测试加密是否正确，信息是否完整。

(4) 为了保证 Web 应用系统的安全性，日志文件是至关重要的。需要测试相关信息是否写进了日志文件，是否可追踪。

(5) 服务器端的脚本常常构成安全漏洞，这些漏洞又常常被黑客利用。所以，还要测试是否存在没有经过授权但在服务器端放置和编辑脚本的问题。

4. 安装测试

交付验收前的最后一步是安装测试。安装是大部分软件产品实现其功能的第一步，没有正确的安装根本谈不上正确的执行。安装测试一般分三步：安装被测软件、运行安装后的软件和卸载被测软件。进行安装测试时需要注意以下几点：

(1) 关注各种不同的安装组合，对于无论是典型安装、自定义安装还是其他安装类型都要一一测试，最终目标就是都能安装成功而且软件都能正常运行；

(2) 在安装之前备份注册表，安装之后，查看注册表中是否有多余的信息，退出安装程序后，确认应用程序可以正常启动、运行；

(3) 安装完成之后，可以简单使用之后再执行卸载操作，有的系统在使用之后会发生变化，变得不可卸载，变成流氓软件；

(4) 安装某些软件前，可能要先安装其他支持软件，检查先安装的软件版本是否正确，考察安装该系统是否对其他应用程序造成影响；

(5) 针对安装过程中软硬件资源不足的情况，安装程序如何处理；

(6) 安装过程中，检查软件的新版本是否支持对该软件的旧版本的检测，检查用户输入的安装目录等信息是否正确。

案例7-1　Web项目综合测试

本案例以一个开源考试系统网站为例。假设该系统在某小学部署应用 (小规模)，方便教师对学生的日常知识点考核 (非集中考试使用)。其中，学校教师人数约为 50 人，学生约 500 人。下面将该系统作为测试案例，简要介绍 Web 系统的测试方法和流程。

一、测试需求分析

本案例中的被测软件为一款开源考试系统——学之思在线考试系统。该系统是一款 Java + Vue 的前后端分离的开源考试系统。系统包括学生端、管理端、微信端。官方开源的分布式版本控制系统 (GIT) 地址：https://gitee.com/mindskip/uexam。该系统的具体功能如下。

1. 学生系统功能

● 登录、注册：注册时要选年级，过滤不同年级的试卷，默认账号为：student/123456

● 首页：任务中心、固定试卷、时段试卷、每日一练

- 试卷中心：包含了所有能做的试卷，按学科来过滤和分页
- 考试记录：所有的试卷考试记录在此处分页，可以查看考试结果、用时、得分、参考答案等
- 错题本：收集所有做错的题目，可以看到做题的结果、分数、难度、解析、参考答案等
- 个人中心：个人日志记录
- 消息：消息通知
- 试卷答题和试卷查看：展示出题目的基本信息和需要填写的内容

2. 管理系统功能

- 登录：账号为：admin/123456
- 主页：包含了试卷、题目、做卷数、做题数、用户活跃度的统计功能，活跃度和做题数是按月统计
- 用户管理：对不同角色 (学生、管理员) 的增删改查管理功能
- 卷题管理：可搜集相应试卷
- 试卷列表：试卷的增删改查，新增功能包含选择学科、试卷类型、试卷名称、考试时间，试卷内容包含添加大标题，然后添加题目到此试卷中，组成一套完整的试卷
- 题目列表：题目的增删改查，目前题型包含单选题、多选题、判断题、填空题、简答题，支持图片、公式等
- 任务管理：对任务进行修改
- 教育管理：对不同年级的学科进行增删改查
- 消息中心：可以对多个用户进行消息发送
- 日志中心：用户进行日志记录的基本操作，了解用户使用情况

其他技术文档见 https://www.mindskip.net:888/。其包含详细功能列表、技术栈、数据库设计、接口文档、项目开发、项目部署、视频教程等内容。

本次测试的目的就是检查核心模块功能是否正常，验证系统性能是否满足应用需求。本案例仅选择了学生端的部分功能进行测试，具体提测内容如下：

(1) 功能测试。对学生端登录、试卷中心、考试记录三个模块进行功能测试。

(2) 性能测试。对学生端登录、试卷中心、考试记录三个模块进行性能测试。获取被测系统的响应能力、负载能力、吞吐率和资源利用率等性能指标。

(3) 其他测试。

① 用户界面测试。

② 兼容性测试。

二、测试计划

在测试之前，我们需要做一系列准备工作。首先就是测试资源的准备，包括测试人员、测试的软硬件环境和测试工具，以及测试过程中需要用到的各类文档资料。

1. 人力资源（见表 7-8）

表 7-8　人 力 资 源

姓名	角色	职责
Zhang	项目经理	负责整个测试项目的管理与协调工作
Wang	测试工程师	设计并执行功能测试
Huang	测试工程师	设计并执行性能测试
Liu	性能测试专家	执行测试，分析系统性能
Yang	测试系统管理者	对系统进行调优
Li	测试结果分析员	分析测试结果，并提交分析报告和缺陷报告

2. 测试环境（见表 7-9）

表 7-9　测 试 环 境

机型（配置）及用途	系统配置及相关软件	
CPU：Intel(R) Xeon(R) CPU E5-2650 0 @ 2.00 GHz CPU NUMBER:4 CPU CORE:8 MEM：4096 MB * 8 = 32 GB 用途：应用服务	IP 地址	192.168.3.101
	操作系统	Buntu 18.04.6 LTS
	软件及版本	容器：Docker version 23.0.5 数据库 Docker：MySQL :8.0.33 被测试系统 Docker:xzs-3.9.0.jar
CPU：AMD Ryzen 5 3600X 6-Core Processor 3.80 GHz MEM：32.0 GB 用途：性能测试	IP 地址	192.168.3.111
	操作系统	Windows 11
	软件版本	Firefox(version:114.0.2) JMeter 5.62 JDK 1.8.0_131
LAPTOP-ES5C90DO CPU：AMD Ryzen 5 5500U with Radeon Graphics 2.10 GHz MEM：16 GB 用途：性能测试	IP 地址	192.168.3.112
	操作系统	Windows 10
	软件及版本	Firefox(version:114.0.2) JMeter 5.62 JDK 1.8.0_131
荣耀 MagicBook Pro CPU：lntel(R)Core(TM)i5-8265U CPU @ 1.60 GHz 1.80 GHz MEM：8 GB 用途：功能测试	IP 地址	192.168.3.113
	操作系统	Windows 10
	软件及版本	Eclipse 4.13.0 JDK 1.8.0_131 Edge(v:113.0.1774.42) Firefox(v:114.0.2) Google Chrome(v:111.0.5563.147)

续表

机型（配置）及用途	系统配置及相关软件	
HP Pavilion Laptop 14-ce3081TX CPU：lntel Core i5-1035G1 CPU @ 1.00GHz 1.19 GHz MEM：16 GB 用途：功能测试	IP 地址	192.168.3.114
	操作系统	Windows 11
	软件及版本	Eclipse 4.13.0 JDK 1.8.0_131 Edge(v:113.0.1774.42) Firefox(v:114.0.2) Google Chrome(v:111.0.5563.147)

注：被测试系统 Docker 的部署方法参见：https://gitee.com/mindskip/uexam/tree/master/docker；

网络环境：学校内部的以太网，与服务器的连接速率为 100 Mb/s，与客户端的连接速率为 10/100(Mb/s) 自适应。

软件运行时表现出来的性能除了与软件本身有关外，还跟其运行的软硬件环境有关。影响性能的因素包括：硬件环境 (CPU 数、内存大小、总线速度)、网络状况、系统 / 应用服务器 / 数据库配置、数据库设计和数据库访问实现以及系统架构 (同步 / 异步)。因此配置测试环境是测试实施的一个重要步骤。测试环境的适合与否会严重影响测试结果的真实性和正确性。

要求性能测试环境和真实环境一致或可对比。做性能测试时，一般需要在真实环境下进行，或者在与真实环境资源配置相同的环境下，需要记录所有相关服务器和测试机的详细信息。

本次性能测试环境与真实运行环境基本一致，都运行在同样的硬件和网络环境中，数据库是真实环境数据库的一个复制 (或缩小)。

3. 测试工具 (见表 7–10)

表 7-10　测 试 工 具

用　途	工　具	版本
功能测试	Selenium WebDriver Katalon Firefox Plugin	4.10.0 5.5.3
性能测试	JMeter PerfMon Metrics Collector (plugin) Stepping Thread Group (plugin)	5.6.2
性能监控工具	ServerAgent	2.2.3
链接测试	Xenu Link Sleuth	1.3.8
测试管理	禅道	18.5

4. 文档资料

可提供软件开发过程中的各类文档。如：《需求规格说明书》《概要设计说明书》《详细设计说明书》《数据字典》等。该系统相关说明文档还包含功能列表、技术栈、数据库设计、接口文档、项目开发、项目部署等。

相对于企业开发，很多开源项目中，开发文档大多有内容不完备、撰写不规范的现象。在此情况下，还可以通过以下方式进行功能分析以明确需求：

(1) 部署被测试系统的在线文档分析；

(2) 对被测试软件进行使用分析；

(3) 与类似功能的软件系统作类比分析；

(4) 根据软件的应用场景，结合普通用户的使用习惯分析。

三、测试策略

1. 功能测试

功能测试的目的是确保系统的功能正常，如导航、数据输入、数据处理是否正确，以及业务规则的实施是否恰当。主要通过对交互的输出或结果进行分析，以核实应用程序的功能。

本次功能测试的重点是：学生端登录模块、试卷中心模块、考试记录模块这三个模块。功能测试策略见表 7-11。

表 7-11　功能测试策略

测 试 项	学生端登录模块、试卷中心模块、考试记录模块
测试类型	功能测试
测试技术	15% 用手工测试，85% 用 Selenium WebDriver 测试工具自动测试
测试通过 / 失败标准	95% 测试用例通过，无级别高于或等于一般缺陷的 Bug
特殊考虑	无

在功能测试中，设计测试用例要注意以下几点：

(1) 测试项目的输入域要全面。要有合法数据的输入，也要有非法数据的输入。

(2) 划分等价类，提高测试效率。在考虑测试域全面性的基础上，要划分等价类，选择少数有代表意义的用例进行测试，提高测试效率。

(3) 要适时利用边界值进行测试，并选取一些特殊值作为补充。

(4) 重复递交相同的事务。

(5) 不按照常规的顺序执行功能操作 (即采用随机测试或探索性测试)。

(6) 对于涉及多用户协同操作的功能 (如管理员发放考试任务、学生参与考试)，采用场景测试方法。

(7) 执行正常操作，观察输出结果是否异常。

2. 性能测试

性能测试主要是对响应时间、事务处理速率和其他与时间相关的需求进行评测和评估，核实系统性能需求是否都已满足。

性能测试的内容很多，本次性能测试中，重点对核心功能模块进行并发用户测试，可以知道数据库服务、操作系统、网络设备等是否能够承受考验，同时可以对瓶颈进行分析。

本次性能测试主要针对学生端进行，测试的核心模块有：学生端登录模块、试卷中心模块、考试记录模块。测试策略见表 7-12。

表 7-12 性能测试策略

测 试 项	学生端登录模块、试卷中心模块、考试记录模块
测试技术	采用 JMeter 测试工具进行自动化测试
测试通过 / 失败标准	80% 的事务平均响应时间不超过 2 秒，每一项事务的响应时间不超过 3 秒
特殊考虑	(1) 可创建"虚拟的"用户负载来模拟多个 (通常为数百个) 客户机； (2) 最好使用多台实际的客户机 (每台客户机都运行测试脚本) 在系统上添加负载； (3) 检测不同网络条件下的多用户连接速度是否满足要求

3. 用户界面测试

用户界面测试用于核实用户与软件之间的交互是否正常。本次的用户界面测试中，需核实下列内容：

(1) 确保各种浏览以及各种访问方法 (鼠标移动、快捷键等) 都使用正常；

(2) 确保窗口对象及其特征 (菜单、大小、位置、状态和中心) 都符合标准；

用户界面测试的检查项可参考表 7-13。

表 7-13 用户界面测试检查项

检 查 项	测试人员的类别及其评价
窗口切换、移动、改变大小时窗口显示是否正常	
各种界面元素的文字 (如标题、提示等) 是否正确	
各种界面元素的状态 (如有效、无效、选中等状态) 是否正常	
各种界面元素是否支持键盘操作	
各种界面元素是否支持鼠标操作	
对话框中的缺省焦点是否正确	
数据项是否能正确回显	
对于常用的功能，用户是否不必阅读手册就能使用	
执行有风险的操作时，是否有"确认""放弃"等提示	
操作顺序是否合理	
按钮排列是否合理	
导航帮助是否明确	
提示信息是否规范	
在不同的浏览器下用户界面的所有元素显示是否正常	
在调整分辨率的情况下用户界面的所有元素显示是否正常	
在同一种浏览器下，浏览器的版本不同时用户界面显示是否正常	

4. 兼容性测试

通过硬件兼容性测试、软件兼容性测试和数据兼容性测试来考察软件的跨平台、可移植的特性。本例中我们只进行了操作系统和浏览器的兼容性测试。

四、功能测试用例设计与执行

在本案例的功能测试部分，重点对学生端登录模块、试卷中心模块和考试记录模块进行功能测试。

1. 学生端登录模块的测试

学生端登录模块的界面如图 7-6 所示。另外，网站上还有一个单独的登录页面，其测试方法与当前这个登录模块的测试方法基本一致。下面对主页面上的登录模块进行功能测试。

图 7-6　登录界面

1) 测试用例设计

根据登录操作的特点，采用等价类划分和边界值分析方法设计测试用例。可以通过测试管理工具或包含测试管理的项目管理工具来实现测试用例管理。下面以两个管理平台为例，说明测试用例的管理信息：TestIn 测试云平台 (https://www.testin.cn/) 及禅道项目管理平台 (https://www.zentao.net/)。其中，TestIn 测试云平台 (如图 7-7) 信息简单，适合小企业项目内部测试使用。禅道项目管理平台下的测试管理，用例信息丰富 (如图 7-8)，在测试追溯管理上做得较好，能关联需求、测试、缺陷，适合规模较大的项目。在测试用例的建立中，相同步骤下，建议用 MS Office Excel，将测试数据作为附件进行管理。由于本次测试采用了手工测试及自动化测试两种方式，设计测试用例在时需要注明是手工测试还是自动化测试方式。

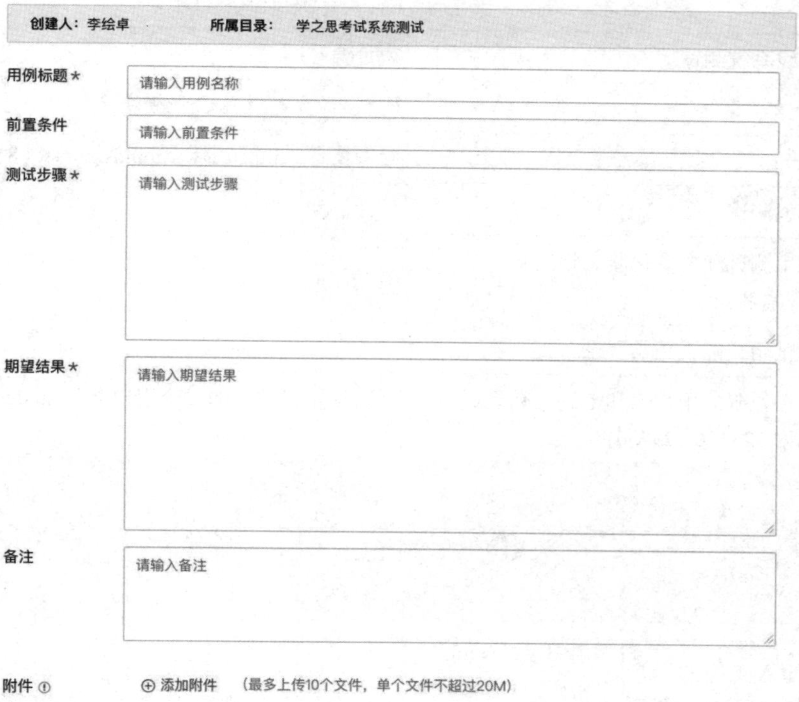

| 创建人：李绘卓 | 所属目录： 学之思考试系统测试 |

用例标题 * ┃ 请输入用例名称

前置条件 ┃ 请输入前置条件

测试步骤 * ┃ 请输入测试步骤

期望结果 * ┃ 请输入期望结果

备注 ┃ 请输入备注

附件 ⓘ ⊕ 添加附件 （最多上传10个文件，单个文件不超过20M）

图 7-7　TestIn 测试云平台用例信息

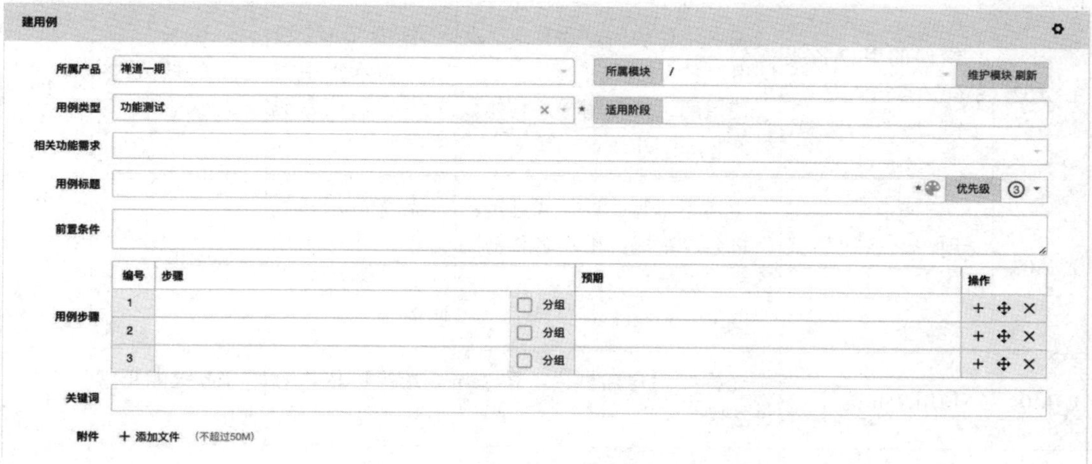

建用例 ⚙

所属产品	禅道一期	所属模块	/	维护模块 刷新
用例类型	功能测试	适用阶段	
相关功能需求			
用例标题		* 🖉 优先级 ③ ▾
前置条件		

用例步骤	编号	步骤		预期	操作
	1		□ 分组		＋ ✥ ✕
	2		□ 分组		＋ ✥ ✕
	3		□ 分组		＋ ✥ ✕

关键词 ┃

附件 ＋ 添加文件 （不超过50M）

图 7-8　禅道项目管理平台用例信息

　　登录页面场景包括"正常流：正确登录""备用流 1：错误登录""备用流 2：登录数据格式未通过"。根据通用的测试用例设计内容，学生端登录模块的测试用例如表 7-14 所示。其中，01～03 为登录场景的 3 个事务流，采用自动化测试；04～10 为可操作性测试，采用手工测试方式，如果系统页面均采用成熟前端页面框架和控件，可以减少该类测试。用例编号命名规范为 [X]_A|M[NO]。其中，X 为功能名简称；A|M 中，A 代表自动化测试，M 代表手工测试；NO 为测试用例编号。

表 7-14　学生端登录模块测试用例

项目名称	在线系统测试	项目编号		
开发人员	XXX	模块名称	学生端登录模块	
用例作者	Wang	参考信息	https://www.mindskip.net:888/	
测试类型	功能测试	设计日期		测试人员
测试方法	手工测试和自动化测试相结合（黑盒测试）	测试日期		
测试对象	测试用户能否正常登录			
前置条件	存在正确的用户名和密码；登录页面正常装载；（已注册的 2 个用户名为 student/student1，密码为 123456/123456)			

用例编号	操作	输入数据	预期结果	实际结果	测试状态 (P,Pass/ F,Fail)
L_A01	输入正确的用户名和密码,点击"登录"按钮	用户名：wang 密码：123456 使用两组数据测试，具体数据见 login_success.csv	正常登录	正常登录，转入对应的系统页面	P
L_A02	错误的用户名或密码，点击"登录"按钮	输入错误的用户或者未注册的用户名 使用两组数据测试，具体数据见 login_fail.csv	不能正常登录，显示"用户名不存在或密码错误"的提示	A 系统不区分大小写	P
L_A03	用户名密码格式错误	空格不填写；过长或过短的用户名、密码；用户名和密码格式不正确 login_format.csv	系统提示格式错误，并给出用户名、密码格式要求	未实现	F
L_M04	使用 Tab 键	光标在用户名框内，按 Tab 键 2 次	光标可依次移动到密码输入框	Tab 键能正常使用	P
L_M05	在文本输入框中按 BackSpace 键	在用户名框输入：wangyang,光标在字符串末尾，按 4 次 BackSpace 键	用户名文本框中显示：wang	BackSpace 键能正常使用	P
L_M06	在文本输入框中使用左右箭头	在用户名输入框中使用左右箭头	光标必须能跟踪到相应位置	左右箭头能正常使用	P
L_M07	在文本输入框中使用 Delete 键	在用户名输入框中使用 Delete 键	能正常删除	Delete 键能正常使用	P

续表

用例编号	操作	输入数据	预期结果	实际结果	测试状态 (P,Pass/ F,Fail)
L_M08	在文本输入框内单击鼠标	在用户名输入框内单击鼠标	光标必须能跟踪到相应位置	正常	P
L_M09	在文本输入框内双击鼠标	在用户名输入框内双击鼠标	输入框内文本被选中	输入框内文本被选中	P
L_M10	输入用户名，马上切换到其他程序，过一段时间再切换回来	输入用户名：student，切换到 Microsoft Word 程序，过 1 分钟再切换回来	光标位置应停在原处	光标位置应停在原处	P

注：设计测试用例时，实际结果和测试状态 (P/F) 两项为空，执行测试时填写这两项。

2) 测试脚本实现与执行

在本测试中，使用 Selenium WebDriver 进行测试，使用 Katalon Recorder 进行脚本录制。由于测试用例涉及正常流 1 个，备用流 2 个，需要录制 3 个测试脚本。在录制脚本之前，需要根据用例设计，对系统进行冒烟测试。通过冒烟测试，可以看出测试用例 03 在系统未实现，则不对其做脚本录制。

(1) 录制测试脚本。打开 Firefox，启用 Katalon Recorder 工具，在 URL 地址栏输入考试网站的地址开始录制。注意，为了方便录制，最好在浏览器的设置中，关闭掉浏览器用户名和密码的自动填充功能。录制过程如图 7-9 所示。

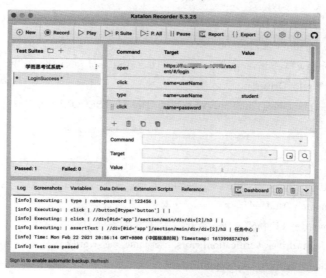

图 7-9 Katalon Recorder 脚本录制截图

(2) 向 Eclipse 中导入测试项目，改进脚本。测试项目建立时，采用 Maven 构建，添加相关依赖、报告生成等构建功能。导出 Java 脚本中需要改进的要点如下：

● 重新运行代码，确保源代码能够顺利执行 (注意：如果在程序执行过程中不能找到页面元素，可以通过浏览器的开发者工具进行元素查找)

● 将导出脚本中使用的 JUnit4 测试框架更新为 JUnit5(可选，JUnit5 更方便参数化)

● 进行测试用例参数化

● 添加测试不通过时，界面截图

● 重构代码，去除未使用的无效代码，整理函数便于后续测试用例调用

测试脚本执行代码如下：

```java
package team.st.uexam.login;

//JUnit5 相关库
import org.junit.jupiter.api.AfterEach;
import org.junit.jupiter.api.Assertions;
import org.junit.jupiter.api.BeforeEach;
import org.junit.jupiter.api.Test;
//Selenium 相关库
import org.openqa.selenium.*;
import org.openqa.selenium.firefox.FirefoxDriver;
import java.util.concurrent.TimeUnit;

public class StudentLoginSuccess {
    private WebDriver driver;
    private StringBuffer verificationErrors = new StringBuffer();

    @BeforeEach
    public void setUp() throws Exception {
     System.setProperty("webdriver.gecko.driver", "/Users/test_tools/geckodriver");
       driver = new FirefoxDriver();
       driver.manage().timeouts().implicitlyWait(3000, TimeUnit.SECONDS);
    }

    @Test
    public void testLoginSuccess() throws Exception {
        String username ="student";
        String password ="123456";
        LoginUtils.login(driver, verificationErrors, username, password);
        LoginUtils.logout(driver, verificationErrors);
    }
    @AfterEach
    public void tearDown() throws Exception {
```

```
      driver.quit();
    String verificationErrorString = verificationErrors.toString();
    if (!"".equals(verificationErrorString)) {
      Assertions.fail(verificationErrorString);
    }
  }
}
```

从上述代码中抽象出登录的基本操作类，便于后期调用。

```java
import org.junit.jupiter.api.Assertions;
import org.openqa.selenium.By;
import org.openqa.selenium.WebDriver;
import org.openqa.selenium.WebElement;

public class LoginUntils {
    static boolean login(WebDriver driver, StringBuffer verificationErrors, String username, String password)
        throws InterruptedException {
        driver.get("https://lhz.signit.vip:10443/student/#/login");
        driver.findElement(By.name("userName")).click();
        driver.findElement(By.name("userName")).clear();
        driver.findElement(By.name("userName")).sendKeys(username);
        driver.findElement(By.name("password")).click();
        driver.findElement(By.name("password")).clear();
        driver.findElement(By.name("password")).sendKeys(password);
        WebElement webElement = driver.findElement(By.xpath("//button[@type='button']"));
        webElement.click();
        Thread.sleep(1000);
        webElement = driver.findElement(By.xpath("//div[@id='app']/section/header/ul/li"));
        webElement.click();
        boolean result = true;
        try {
         webElement = driver.findElement(By.xpath("//div[@id='app']/section/header/ul/li"));

            Assertions.assertEquals("首页",
                webElement.getText());
        } catch (Error e) {
            verificationErrors.append(e.toString());
            result = false;
        }
        return result;
```

```
    }

    static boolean logout(WebDriver driver, StringBuffer verificationErrors) throws InterruptedException {
        System.out.print(driver.getPageSource());
        WebElement webElement = driver.findElement(By.xpath("//
        div[@id='app']/section/header/div/div/div/span"));
        webElement.click();
        webElement = driver.findElement(By.cssSelector("li.el-dropdown-menu__item:nth-child(3)"));
        webElement.click();
        return true;
    }
```

(3) 测试用例执行。分别运行各测试脚本，获得测试结果。进行参数化后，运行脚本的次数由用户名和密码数据对的个数决定，每执行一次，JUnit 框架就会在数据表中读入对应的一组数据。

通过自动化测试，不难看出自动化测试的好处：提高执行效率，并可避免人工进行繁琐数据输入操作，而且可以避免一些人为错误。

另外，手动测试需要直接按照测试用例的要求，输入测试数据，观察运行结果与预期结果的异同，以判断测试是否通过。在执行过程中注意对测试结果的记录。在这里主要使用特殊值测试或错误推测法设计测试用例，并执行测试，使测试更完善。

(4) 自动化测试报告生成。自动化测试的执行情况可以通过 IDE 工具直接查看，也可以通过构建工具（如 Maven）生成报告。自动化测试报告如图 7-10 所示。

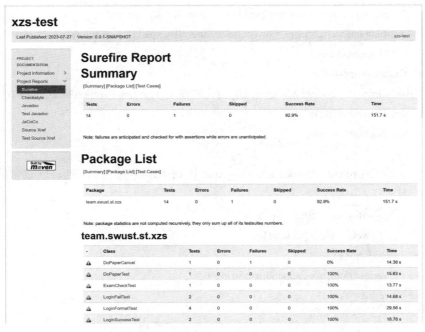

图 7-10　Maven 生成的测试报告

目前，不少网站在用户登录、用户提交信息等登录和输入的页面上使用了验证码技术。验证码技术可以有效防止恶意用户对网站的滥用，使网站有效避免用户信息失窃等问题。但与此同时，验证码技术的使用也使得 Web 自动化测试面临了较大的困难。

验证码具有随机性和不易被自动工具识别的特点，当用户访问某个使用验证码的页面时，每次对该相同页面的访问都会得到一个随机产生的不同的验证码，并且，这些验证码具有能够被人工识别，但很难被自动测试工具识别的特点。这样，自动测试工具就很难适应使用验证码的页面，传统的"录制－回放"工具由于不能识别验证码而失效。

从技术的角度来看，下面两种方法可实现自动测试工具对验证码的处理。

(1) 识别法。识别法完全从客户端角度考虑，靠模式识别的方法识别出验证码图片对应的字符串。该方法适用于不能获得和改变服务器端代码的情况，测试者只能完全从客户端的角度想办法解决验证码问题。识别法的核心是对验证码图片使用模式识别算法，该算法的可实现性基本取决于图片本身的复杂程度。

(2) 后台直接访问获取。现在大多数网站的验证码 (包括图形验证码、手机验证码、邮件验证码等) 均存储在缓存 (如 Redis) 中或者数据库中，可以根据验证码规则，直接登录到 Redis 或者数据库中直接读取。这需要开发获取脚本，同时也需要获取存储系统的访问权限。

另外，非技术的方式也能让自动化测试工具在使用验证码的系统上成功应用。下面介绍两种常用方法。

(1) 屏蔽法。屏蔽法的核心是在被测系统中暂时屏蔽验证功能。这种方法最容易实现，对测试结果也不会有太大的影响。当然，这种方式去掉了"验证验证码"这个环节，如果该环节本身存在功能上的问题，或是本身就是性能上的瓶颈，那就一定会对测试结果造成影响。这种方法也有一个问题：如果被测系统是一个实际已上线的系统，屏蔽验证功能会对已经在运行的业务造成非常大的安全性风险。因此，对于已上线的系统来说，用这种方式就不合适了。

(2) 后门法。后门法不屏蔽验证码，但在其中留一个后门，在代码中设定一个所谓的"万能验证码"，只要用户输入这个"万能验证码"，就能通过验证，否则，还是按照正常的验证方式进行验证。这种方式仍然存在安全性的问题，但我们可以通过管理手段将"万能验证码"控制在一个较小的范围内，而且只在测试期间保留这个小小的后门。相对于第一种方法，后门法在安全性方面有了较大的提高。

2. 试卷中心模块的测试

试卷中心模块有三种模式 (固定考试、时段考试、任务考试)，本部分内容首先以固定考试模式为例进行测试设计，其页面如图 7-11 所示。根据出题类型的不同，该页面包括文本输入框、单选按钮、复选框、文本编辑工具条、提交按钮等。测试时选择的考题应涵盖所有考试题目类型，除了检测是否正确判定考试分数之外，还要验证各类完成情况提醒信息。

同时还需要对考试过程中出现的各类异常情况，如考试不提交、考试超时以及误操作造成的浏览器关闭、断电、断网等场景进行测试。

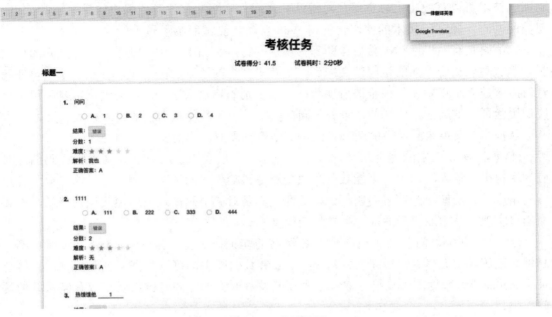

图 7-11　考试界面

1) 测试用例设计

(1) 固定考试模式设计。根据页面中各组件的特点，选择合适的测试方法和测试策略，分别设计测试用例。下面为考试过程中试卷中心模块的测试用例设计，见表 7-15。

表 7-15　试卷中心模块测试用例 1

项目名称	在线考试系统测试	项目编号		
开发人员	XXX	模块名称	试卷中心模块	
用例作者	Wang	参考信息	https://www.mindskip.net:888/	
测试类型	功能测试	设计日期		测试人员
测试方法	自动化测试＋手工测试	测试日期		
测试对象	试卷中心模块的固定考试模式			
前置条件	学生用户正常登录；教师端针对其班级发布考试卷			
用例编号	输入数据 / 操作	预期结果	实际结果	测试状态 (P/F)
E_A01	试卷列表查看	试卷以列表的形式显示，且显示内容基本正确；列表需要提供分页，以及试卷名称、试卷序号、开始答题，并且可以按照固定时段及相应科目进行分类查询显示	与预期一致	P

续表

用例编号	输入数据 / 操作	预期结果	实际结果	测试状态 (P/F)
E_A02	1. 登录 2. 选择试题 (题目包含单选题、多选题、判断题、填空题、简答题) 3. 完成题目，针对得分采用边界值分析方法，包括 (不答题，全错 0 分，全对满分，其他分数)，需要完成多组数据的答题测试 4. 提交成绩	查看系统客观题得分与主观题得分情况	与预期一致	P
E_A03	1. 登录 2. 选择试题 (任意考试) 3. 点击取消	关闭考试，修改考试状态为取消	点击取消按钮无响应	F
E_M04	1. 登录 2. 选择试题 3. 完成题目，在完成题目过程中，跳转至其他页面或应用。重点观察计时是否正确 4. 提交成绩	考试计时正确，界面上的题目按钮能正确跳转	与预期一致	P
E_M05	单选按钮操作测试，包括单项选中、未选中操作	单选按钮操作正确，在同一题目下只能选中一个选项	与预期一致	P
E_M06	复选框操作测试，包括单项选中、未选中操作	复选框操作正确，在同一题目下能选中多个选项	与预期一致	P
E_M07	输入框的编辑操作包括对文本输入、BackSpace、Delete、复制、粘贴等的测试	输入框能正确地输入、编辑及显示，但是对其长度有限制	对输入框的长度未作限制	F
E_M08	文本框的编辑操作包括对文本输入、BackSpace、Delete、复制、粘贴等的测试	文本框能够正确地输入、编辑以及显示，但是对其长度有限制	对文本框的长度未作限制	F

答题过程会涉及文本框、单选按钮、复选框、文本编辑控件等。测试时需要对其操作情况进行测试。由于大多数输入框采用标准控件，基本功能较为完善，可以选择性进行可操作性测试。下面是一些场景界面操作中的控件测试要点。

① 文本框。对文本框进行测试，可以从下面几个方面考虑：

(a) 文本框是否对输入的字符数有特别限定,若与特别限定条件不符,是否会给出提示；

(b) 文本框是否可以输入数字、汉字、英文字符和特殊字符、中间是否可以有空格、标点符号等；

(c) 文本框中是否能正常使用功能键和快捷键。

② 单选按钮。为单选按钮设计测试用例可以从下列几个方面考虑：

(a) 逐一执行每个单选按钮的功能；

(b) 一组单选按钮不能同时选中，只能选中一个；

(c) 一组执行同一功能的单选按钮在初始状态时必须有一个被默认选中，不能同时为空。

(d) 单选按钮上功能键和快捷键是否正常。

③ 复选框。对复选框的测试可以从下列几个方面考虑：

(a) 多个复选框可以被同时选中；

(b) 多个复选框可以被部分选中；

(c) 多个复选框可以都不被选中；

(d) 逐一执行每个复选框的功能。

④ 文本编辑控件。在文本编辑控件中，提供了文本编辑工具条和文本格式工具条。我们可以根据各工具项的功能和特点进行测试。

比如右对齐，可以先输入文本，然后点击"右对齐"按钮，检查文本是否右对齐；或者可以先点击"右对齐"按钮，检查光标是否移到最右边；也可选中文本，然后点击"右对齐"按钮，检查文本是否右对齐。其他工具条的功能测试不再赘述。

⑤ 添加附件。在发表日志时可以上传附件。附件描述文本框的测试方法与日志标题文本框的测试方法相同。对于附件内容的测试可以从下面几个方面考虑：

(a) 添加附件时能否打开本地磁盘上的所有文件夹，能否选择符合条件的文件；

(b) 若附件类型和大小符合要求，能否添加上附件；

(c) 若附件类型不符合要求，能否给出提示；

(d) 若附件大小超过指定大小，能否给出提示。

⑥ 各种控件在窗体中混合使用时的测试。在应用中可能组合应用各个控件。在测试中，应遵循由简入繁的原则，先进行单个控件功能的测试，确保实现无误后，再进行多个控件的功能组合测试。具体测试用例根据实际需求设计，本次测试中，各个输入框均为独立使用，不涉及此部分的测试。

(2) 异常情况测试。针对考试过程中出现的异常情况，可以用场景法进行测试。首先分析出被测对象的基本事务流和备选事务流。在本系统中，考试活动需要管理员和学生两个角色的共同参与，其流程如下：

① 教师端发布考试活动；

② 学生端查看考试任务；

③ 学生开始考试；

④ 教师端批阅试卷或学生自行批阅；

⑤ 学生端查看考试成绩。

依次执行这些操作便形成了基本事务流。同时在考试过程中，出现考试不提交、考试超时、考试中途断电断网等备用流。具体流程如图 7-12 所示，通过组合可以看出有 24 种场景。本章节针对其中两个场景进行测试，分别是正常流程：教师建立固定试卷→学生考试；异常流程：教师建立固定试卷→学生考试→不提交试卷，关闭浏览器。

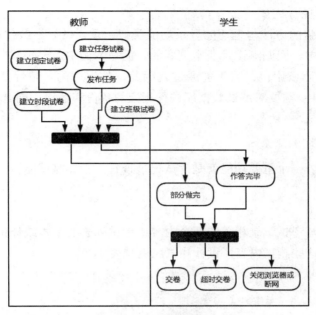

图 7-12　考试业务流分析

根据上面的分析设计测试用例见表 7-16。

表 7-16　试卷中心模块测试用例 2

项目名称	在线考试系统测试		项目编号			
开发人员	XXX		模块名称	试卷中心模块		
用例作者	Wang		参考信息	https://www.mindskip.net:888/		
测试类型	功能测试		设计日期		测试人员	
测试方法	手工测试（黑盒测试）		测试日期			
测试对象	试卷中心考试业务					
前置条件	系统已经建立好相关选择题、判断题、填空题、简答题					
用例编号	场　景	输入数据		预期结果	实际结果	测试状态（P/F）
		出　题	答题情况			
C_M01	教师建立固定试卷→学生考试→提交	选择试题，组卷，发布试卷	答题，提交试卷	系统给出提交答卷后的成绩，且正确给出客观题评分	与预期相符	P
C_M02	教师建立固定试卷→学生答题（未完成所有题目）→关闭浏览器	选择试题，组卷，发布试卷	作答部分题目，关闭浏览器	系统无得分，显示题目作答中	试卷未作答	F
C_M03	教师建立固定试卷→学生答题（完成所有题目）→关闭浏览器	选择试题，组卷，发布试卷	作答全部题目，关闭浏览器	系统无得分，显示题目作答中	试卷未作答	F

2) 测试脚本实现与执行

脚本录制与增强的方法与之前的登录功能类似，重点做好参数化和代码重构。同时，在自动化测试应用中，回归测试是非常重要的。但是本例中，一旦回归，数据库内容将发生改变，再次执行测试用例，将不能通过。因此，数据库的一致性是自动化测试的一个前提，所以在测试中，需要对测试数据库进行相应的备份和还原。同时针对手工测试部分，注意测试过程的记录。

3. 考试记录模块的测试

考试平台的另外一个重要功能就是考试记录查看，主要测试能否正确查看自己的考试内容信息。

1) 测试用例设计

这里主要查看与考试记录相关的两个内容：考试列表的基本统计信息以及考试试卷详细批阅内容，针对这些测试内容，设计测试用例见表 7-17。

表 7-17　考试记录模块测试用例

项目名称	在线考试系统测试	项目编号		
开发人员	XXX	模块名称	考试记录模块	
用例作者	Wang	参考信息	https://www.mindskip.net:888/	
测试类型	功能测试	设计日期		设计人员
测试方法	自动化测试	测试日期		测试人员
测试对象	考试记录页面			
前置条件	学生用户正常登录，点击菜单进入考试记录			
用例编号	输入数据 / 操作	预期结果	实际结果	测试状态 (P/F)
S_A01	查看考试记录	考试成绩列表分页显示，且显示数据正确，包括学科名称、状态、做题时间，以及查看试卷或批改按钮	与预期一致	P
S_A02	查看具体的某一次考试答卷。试卷包括有填空题和简答题类型试卷及无填空题和简答题类型试卷	考试答卷显示正确，且对有填空题及简答题的试卷有批改按钮；对无填空题及简答题的试卷有查看试卷按钮	与预期一致	P
S_A03	对具体的含有填空题和简答题的考试答卷进行批阅	评阅题目时仅能对填空题及简答题使用批改按钮功能；评分只能设置大于等于零且小于等于题目给定的最高分；评定后分数汇总正确	与预期一致	P
S_A04	批改试卷，点击取消	关闭试卷批改，试卷批改的状态不改变	点击取消按钮无反应	F

2) 测试脚本实现与执行

本项测试采用了自动化测试，与之前的相同，具体脚本参见附件。

五、功能测试结果分析

通过对学生端登录模块、试卷中心模块、考试记录模块的测试，共发现 7 个 Bug，Bug 列表见表 7-18。

表 7-18　Bug 列表

Bug 编号	Bug 名称	Bug 描述	Bug 级别	覆盖功能
001	用户登录时用户名格式验证错误	用户名格式错误，用户未填用户名，软件没有给出准确的提示	一般	登录功能
002	用户登录时密码格式验证错误	密码的格式错误，并且对输入的内容没有限制	一般	登录功能
003	对忘记密码功能的位置设置得不显著	登录界面的忘记密码位置错位了	轻微	登录功能
004	填空题的答题内容未限制长度	学生在答填空题时，对输入框的长度没有限定	一般	试卷中心下的考试功能
005	简答题的答题内容未限制长度	学生在答简答题时，对文本框的长度没有限定	一般	试卷中心下的考试功能
006	考试过程中，未实时保存单道题回答情况，仅在提交时保存	教师发布试卷，学生去考试，学生在完成所有题目后，不提交直接关闭浏览器，显示试卷未作答	严重	试卷中心下的考试功能
007	考试过程中，未设置答题状态，包括未作答、作答中、已提交状态	教师发布试卷，学生去考试，学生对所有题目都不作答，不提交直接关闭浏览器，显示试卷未作答	严重	试卷中心下的考试功能
008	考试过程中，取消操作无响应	进入考试，点击取消操作，系统无响应	一般	试卷中心下的考试功能
009	试卷中心列表的操作不符合用户动作最短路径要求	试卷中心列表的名称太长，距离开始答题的按钮太远	轻微	试卷中心
010	试卷批改中，显示简答题按钮未对齐	试卷批改中的简答题按钮没有对齐	轻微	考试记录
011	试卷批改中，显示简答题按钮未对齐	试卷批改中的简答题按钮没有对齐	轻微	考试记录

本次共测试了学生端的三个模块(学生端登录、试卷中心、考试记录)，设计测试用例共 25 个，统计数据见表 7-19。

表 7-19   Bug 分布统计分析

功能模块	测试用例个数	Bug 总数	严重 Bug	一般 Bug	轻微 Bug
学生端登录	10	3		2	1
试卷中心	11	6	2	3	1
考试记录	4	2		1	1

Bug 分布情况如图 7-13 所示。

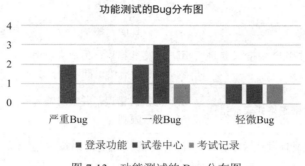

图 7-13   功能测试的 Bug 分布图

六、性能测试用例设计

本例中重点测试学生端登录模块、试卷中心模块和考试记录模块的并发性能，设计性能测试用例如下：拟定本系统的使用群体为某较小规模的小学，该小学共有 6 个年级，每个年级 2 个班，目前每个班级 40 人，该系统用于学生晚上小练习活动。为模拟这种环境下的用户并发使用下的性能，需要工具的引入。本次性能测试采用 JMeter 工具，需要在该工具下建立性能测试脚本，模拟用户并发访问被测试件。同时为收集服务器资源数据，可以在服务器端运行 ServerAgent，收集服务器资源数据并发送到 JMeter 中。其通信方式为 TC(地面信道)通信，需要在 JMeter 中安装 PerfMon Metrics Collector 插件，接收资源性能数据并显示。

性能测试脚本用来描述单个浏览器向 Web 服务器发送的 HTTP 请求序列。将业务流程转化为测试脚本，即将其转化为虚拟用户脚本或虚拟用户。虚拟用户通过驱动一个真正的客户程序来模拟真实用户。在这个步骤里，要对各类被测业务流程从头至尾进行确认和记录，弄清这些过程，这可以帮助分析每步操作的细节和时间，并能将其精确地转化为脚本。此过程类似制造一个能够模仿人的行为和动作的机器人，其实质是将现实世界中的单个用户行为比较精确地转化为计算机程序语言。

下面对被测软件的受众群体数量进行分析。本次采用估算法进行并发用户计算。全校共 6个年级，每个年级 2 个班，每个班 40 人，共计 $6 \times 2 \times 40 = 480($ 人)。本校师生均为系统的注册用户，根据估算法取总人数的 20% 作为并发用户数：$480 \times 20\% = 96($ 人)，可取整为 100 人。本次测试为负载测试，对并发用户以 80 人为基准进行加压。下面对各个模块进行测试用例的设计与实现。

1. 学生端登录模块的性能测试用例设计与实现

在测试用例设计中，登录用户分别取 80、100、120、150、180。取 80 个并发用户是为了观察用户少量用户登录系统时系统的表现，然后逐渐增加用户，以观察系统性能指标随用户增加而变化的情况。测试用例见表 7-20。

表 7-20　学生端登录模块的性能测试用例

用例名称	学生端登录模块的性能测试用例			
功能	系统支持多个用户并发登录			
目的	测试多用户登录时的系统处理能力			
方法	模拟多个用户在不同客户端登录，然后并发进入系统。采用 JMeter 代理录制登录过程，然后利用其完成测试			
并发用户数与事务执行情况				
并发用户数 / 人	95% 事务响应时间 /ms	事务最大响应时间 /ms	异常 /%	平均流量 /(KB/s)
80				
100				
120				
150				
180				

学生端登录模块的性能测试用例采用脚本录制方法实现。先在 JMeter 中设置代理，录制登录脚本到线程组中，再通过设置线程组的线程数量来模拟并发用户。因为如果对系统用户的行为模拟失真，不能反映系统真实的使用情况，也就失去了性能测试的有效性和必要性。我们录制的脚本中用户名和密码是固定的，也就是说，所有用户都用同一个用户名和密码登录，这和实际情况不符。在软件的设计中，系统也会采用缓存机制来加快软件的运行，如果采用相同用户名登录，则不能测试出系统在真实环境下的性能。当然也有部分系统会限制相同用户在不同客户端的登录，可据此操作测试。因此对用户名和密码进行参数化设置，以便更真实地模拟实际情况。参数化设置如图 7-14 和图 7-15 所示。

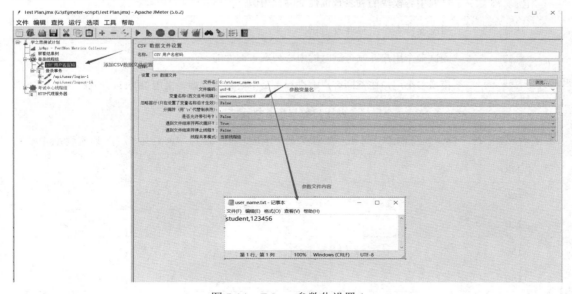

图 7-14　JMeter 参数化设置 1

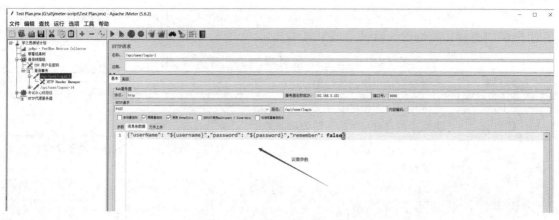

图 7-15　JMeter 参数化设置 2

采用前后端分离的开发模式，鉴权信息在登录后保存在 Cookie 的 SESSION 中，在测试脚本录制中需要添加 Cookie 管理。

同时也可以将登录后的鉴权 SESSION 值保存下来，用于后续服务请求的身份认证，即把鉴权 SESSION 值加入到 Cookie 中，就可以不进行登录，而直接使用登录后的相关请求操作。在这类前后端分离的系统中常见的鉴权信息一般放在 Cookie 中或 Request 的 Header 中。常见的键值包括：token、jwt、Authorization。

2. 试卷中心模块的性能测试用例设计与实现

在测试用例设计中，进入试卷并完成考试的用户分别取 80、100、120、150、180。通过逐渐增加用户，观察系统性能指标随用户数增加的变化情况。测试用例见表 7-21、表 7-22。

表 7-21　试卷中心模块的列表查询性能测试用例

用例名称	试卷中心模块的列表查询性能测试用例			
功能	系统支持多个用户并发考试			
目的	测试多个用户并发考试时的中心列表查询性能			
方法	模拟多个用户在不同客户端进行考试中心数据查询。采用 JMeter 完成测试			
并发用户数与事务执行情况				
并发用户数 / 人	95% 事务响应时间 /ms	事务最大响应时间 /ms	异常 /%	平均流量 /(KB/s)
80				
100				
120				
150				
180				

表 7-22　试卷中心模块的考试性能测试用例

用例名称	试卷中心模块的考试性能测试用例			
功能	系统支持多个用户并发考试			
目的	测试多个用户并发考试时系统的处理能力			
方法	模拟多个用户在不同客户端进行考试。采用 JMeter 完成测试			
并发用户数与事务执行情况				
并发用户数 / 人	95% 事务响应时间 /ms	事务最大响应时间 /ms	异常 /%	平均流量 /(KB/s)
80				
100				
120				
150				
180				

　　在试卷中心模块的考试性能测试脚本的录制过程中，需要录制多份脚本，分别模拟获取不同成绩的考试活动。这需要在 JMeter 测试计划中建立多个线程组，分别运行不同考试完成情况的脚本。录制的业务过程为：进入考试中心，开始考试，在脚本中插入事务和集合点，具体说明如下：

　　(1) 准备并发用户需要使用的 SESSION，并以参数形式加入到 Cookie 管理中。注意在 SESSION 的使用时间范围内完成测试活动，否则 SESSION 会过期，造成无法完成请求的鉴权，从而造成请求失败。本次测试中的设置范例如图 7-16 所示。在测试过程需要多个 SESSION ID，可以采用参数化的方法。

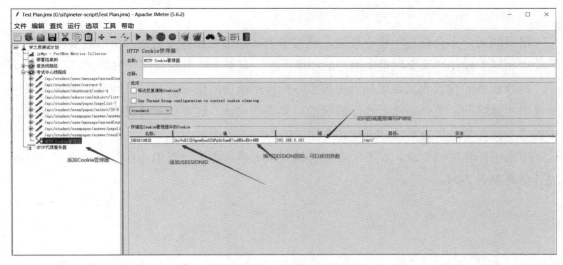

图 7-16　JMeter 的 Cookie 管理

在本案例中，通过登录获取大量 SESSION ID 保存到文件，以用于后续使用。

(2) 插入事务。为了在执行测试时更准确地获得考试全过程的响应时间和其他性能指标，需要将提交日志的过程单独看作一个事务。

(3) 插入集合点。在测试计划中，要求系统能够承受大量用户 (如 100 人) 同时提交成绩，从而达到测试计划中的需求。

3. 考试记录模块的性能测试用例设计与实现

考试记录模块的性能测试用例见表 7-23。

表 7-23　考试记录模块的性能测试用例

用例名称	考试记录模块的性能测试用例			
功能	系统支持多个用户查看考试记录			
目的	测试多个用户同时查看考试记录时系统的处理能力			
方法	模拟多个用户在不同客户端查看考试记录的操作。采用 JMetetr 进行测试			
并发用户数与事务执行情况				
并发用户数 / 人	95% 事务响应时间 /ms	事务最大响应时间 /ms	异常 /%	平均流量 /(KB/s)
80				
100				
120				
150				
180				

4. 组合业务的性能测试用例设计与实现

所有的用户不会只使用核心模块，通常每个功能都可能被使用到，所以既要模拟多用户的"相同"操作，又要模拟多用户的不同操作，对多个业务进行组合性能测试。

组合业务的性能测试是更接近用户实际操作系统使用情况的测试，因此用例编写要充分考虑实际情况，选择最接近实际情况的场景进行设计。这里的业务组成单位以不同模块中的"子操作事务"为单位，进行各个模块的不同业务的组合。

下面选择学生端登录、试卷中心和考试记录等事务作为一组组合业务进行测试，用例设计信息见表 7-24。

表 7-24　组合业务的性能测试用例

用例名称	组合业务的性能测试用例
功能	在线用户达到高峰时，用户可以正常使用系统，保证 200 个以内用户可以同时在线使用系统
目的	测试 200 个用户同时在线时，用户能否使用常用模块
方法	采用 JMeter 的录制工具录制三个业务： 业务 1——登录个人主页； 业务 2——参与试卷中心列表操作； 业务 3——参与试卷中心考试操作； 业务 4——查看考试记录等操作； 　每个业务分配一定数目的用户，利用 JMeter 来完成相关参数的测试，其中业务 1 的人数占总用户的 20%，业务 2 的人数占总用户的 15%，业务 3 的人数占总用户的 30%，业务 4 的人数占总用户的 35%。

组合业务测试数据																
并发用户数 / 人	95% 事务响应时间 /ms				事务最大响应时间 /ms				异常 /%				平均流量 /(KB/s)			
	业务 1	业务 2	业务 3	业务 4	业务 1	业务 2	业务 3	业务 4	业务 1	业务 2	业务 3	业务 4	业务 1	业务 2	业务 3	业务 4
80																
100																
120																
150																
180																

并发用户数与服务器关系		
并发用户数 / 人	操作时间 (CPU)/ms	可用比特数 (存储器)/MB
80		
100		
120		
150		
180		

　　在组合场景的测试脚本实现中，需要建立多个线程组，分别完成不同的业务，从而实现组合场景的测试。同时需要注意，子场景中的用户参数文件需要分开保存和导入。

　　在执行过程中需要进行服务器资源数据的收集。本次测试过程中，采用 ServerAgent 工具收集数据。ServerAgent 是一款安装在被测服务器端，与 JMeter 集成的性能监控插件，支持查看 CPU、MEMORY、DISK I/O、NETWORK I/O、TCP 等的资源数据。其运行过程和资源监测情况如图 7-17、图 7-18 所示。

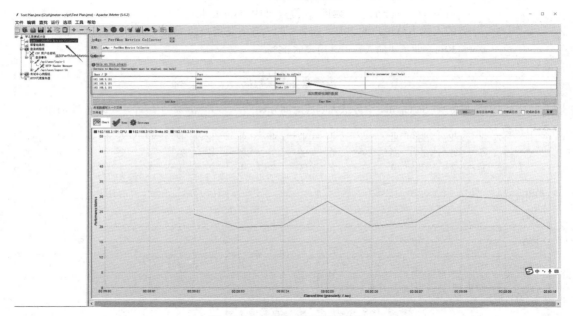

```
root@lihuizhuo:/usr/log/xzs/ServerAgent-2.2.3# sh startAgent.sh
INFO    2023-07-21 03:04:36.501 [kg.apc.p] (): Binding UDP to 4444
INFO    2023-07-21 03:04:37.505 [kg.apc.p] (): Binding TCP to 4444
INFO    2023-07-21 03:04:37.516 [kg.apc.p] (): JP@GC Agent v2.2.3 started
INFO    2023-07-21 03:05:49.066 [kg.apc.p] (): Accepting new TCP connection
INFO    2023-07-21 03:05:49.096 [kg.apc.p] (): Yep, we received the 'test' command
INFO    2023-07-21 03:05:49.155 [kg.apc.p] (): Starting measures: memory:      disks i/o:      cpu:
INFO    2023-07-21 03:05:58.784 [kg.apc.p] (): Client disconnected
```

图 7-17　ServerAgent 运行过程

图 7-18　JMeter 资源监测情况

七、性能测试执行与结果分析

1. 学生端登录系统性能测试执行

按照测试用例的要求设置测试场景。

场景 1：模拟 80 个用户在同一时刻登录系统，持续时间为 10 分钟；

场景 2：模拟 100 个用户在同一时刻登录系统，持续时间为 10 分钟；

场景 3：模拟 120 个用户在同一时刻登录系统，持续时间为 5 分钟；

场景 4：模拟 150 个用户逐步登录系统，首先 10 个用户登录，然后每隔 10 秒登录 5 个，持续时间为 5 分钟；

场景 5：模拟 180 个用户逐步登录系统，首先 20 个用户登录，然后每隔 10 秒登录 10

个，持续时间为 5 分钟；场景设置完成后，控制器将脚本分发到负载生成器 (向被测系统发起负载)，同时通过服务器上的性能监视器工具收集性能数据。性能信息采样频率会对服务器的性能产生影响，要选取合适的性能计数器并设置较低的采样率，以降低干扰。执行测试场景的设置界面如图 7-19 所示。

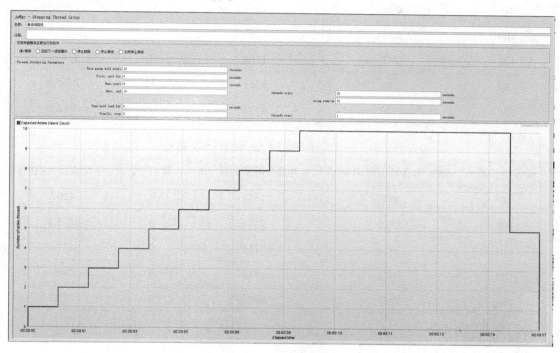

图 7-19　执行测试设置场景

分别依次执行以上 5 个测试场景，并记录测试数据。登录测试结果数据见表 7-25。

表 7-25　登录测试结果数据

登录测试结果数据				
并发用户数 / 人	95% 事务响应时间 /ms	事务最大响应时间 /ms	异常 /%	平均流量 /(KB/s)
80	330	3129	0	906.4
100	663	3111	0	867.2
120	1075	3377	0	913.8
150	737	5028	0	1232.2
180	980	6705	0	1237.86

注：这里的登录成功用户指的是系统接受了登录请求，并建立了连接。在登录脚本里设置检测点，由 JMeter 性能监视器工具自动获得平均响应时间。

2. 试卷中心考试性能测试执行

进入考试中心，并完成考试的测试场景设置，设置方法同上，依次执行各测试场景。

测试结果数据见表 7-26、表 7-27。

表 7-26　试卷中心数据列表查询测试结果数据

并发用户数 / 人	95% 事务响应时间 /ms	事务最大响应时间 /ms	异常 /%	平均流量 /(KB/s)
80	201	1682	0	2397.4
100	235	1562	3	2576.4
120	237	1268	0	3133.2
150	315	3761	3	2415.9
180	1263	4531	0	802.9

表 7-27　试卷中心考试测试结果数据

并发用户数	95% 事务响应时间 /ms	事务最大响应时间 /ms	异常 /%	平均流量 /(KB/s)
80	896	1811	0	420.5
100	1326	2546	0	285.3
120	1334	5256	0	431.6
150	1823	6115	0	299.1
180	1922	6545	0	479.1

3. 考试记录性能测试执行

测试结果数据见表 7-28 所示。

表 7-28　考试记录测试结果数据

并发用户数	95% 事务响应时间 /ms	事务最大响应时间 /ms	异常 /%	平均流量 /(KB/s)
80	249	1880	0	658.1
100	1058	2114	0	618.6
120	1073	1962	0	632.4
150	494	2234	0	1565.4
180	600	2533	0	1674.0

4. 组合业务性能测试执行

首先在 Controller 中设置测试场景，同时加载业务 1、业务 2、业务 3 和业务 4 的测试脚本，并设置虚拟用户的百分比，分别为 20%、15%、30%、35%。

场景 1：模拟 80 个用户进入系统。按照各业务的分配比例执行，持续时间为 10 分钟；

场景 2：模拟 100 个用户进入系统。按照各业务的分配比例执行，持续时间为 10 分钟；

场景 3：模拟 120 个用户操作系统。按照各业务的分配比例执行，持续时间为 10 分钟；

场景 4：模拟 150 个用户操作系统。按照各业务的分配比例执行，持续时间为 10 分钟；

场景 5：模拟 180 个用户操作系统。按照各业务的分配比例执行，持续时间为 10 分钟。

依次执行 5 个测试场景，并记录测试数据。组合业务测试结果数据如表 7-29 所示。

表 7-29　组合业务测试结果数据

并发用户数	事务 95% 响应时间 /ms				事务最大响应时间 /ms				异常 /%				平均流量 /(KB/s)			
	业务 1	业务 2	业务 3	业务 4	业务 1	业务 2	业务 3	业务 4	业务 1	业务 2	业务 3	业务 4	业务 1	业务 2	业务 3	业务 4
80	672	310	1352	1246	2469	1567	3331	3468	0.00	0.00	0.00	0.00	171.3	242.7	75.6	145.2
100	810	370	1623	1505	2968	1562	4934	3957	0.00	0.00	0.00	0.00	182	252.9	78.2	153.1
120	944	439	1954	1723	4047	2174	4573	4966	0.00	0.00	0.00	0.00	186	261.7	95.6	157.4
150	981	453	1964	1702	3649	1991	4413	5577	0.00	0.00	0.00	0.00	225.7	322.6	95.6	192.3
180	1274	589	2582	2231	5575	2232	5930	6072	0.00	0.00	0.00	0.00	210.1	290.0	73.2	176.0

并发用户数与服务器关系		
并发用户数 / 人	操作时间 (CPU)/ms	可用比特数 (存储器)/MB
80	76.449	51.73
100	75.601	51.831
120	75.916	51.817
150	75.813	51.796
180	74.02	51.564

5. 测试结果分析

在整个性能测试过程中，自动化测试工具的选择只会影响性能测试执行的复杂程度，使测试过程简便一些或繁杂一些。但人的分析和思考却会直接影响性能测试的成败，因此测试结果分析是非常重要和关键的。

测试结果分析就是结合测试结果数据，分析系统性能行为的规律，并准确定位系统的性能瓶颈所在。在这个步骤里，可以利用数学手段对大批量数据进行计算和统计，使结果更具有客观性。

用 JMeter 的线程组执行完测试后，将从各负载生成器汇总运行结果数据，产生性能分析图表。该图表包括一些关键性能数据，如事务响应时间、吞吐量等。通过报告生成工具，可以将监听工具中的聚合报告数据，生成 HTML 格式报表，用户可以根据不同的测试需求对其进行定制、分析和再处理。生成的测试结果摘要如图 7-20 所示。

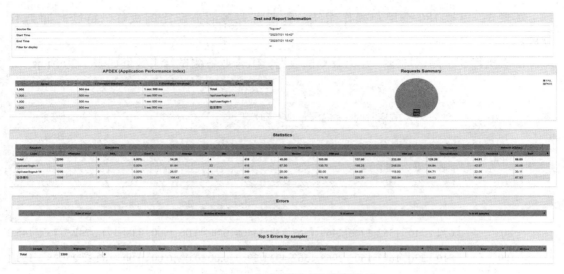

图 7-20　生成的测试结果摘要

下面对测试过程中记录的部分测试结果进行分析。

(1) 80 个并发用户。从前面的测试结果数据可以看出，有 80 个并发用户时，各事务的最大响应时间均在 5 秒以内，事务成功率 100%，满足系统的要求。

(2) 100 个并发用户 (测试结果数据见表 7-30)。

表 7-30　100 个并发用户测试结果数据

事务名称	95% 的事务响应 时间 /ms	事务最大响应 时间 /ms	90% 的事务响应 时间 /ms	事务异常率
登录	663	3111	326	0%
试卷中心记录查看	235	1562	176	3%
考试	1326	2546	1146	0%
考试记录	1058	2114	278	0%

从上面的测试结果数据可以看出，系统在 100 个并发用户时，系统响应时间正常，响应时间在 3 秒以内，说明系统能够支持 100 个并发用户的使用。但试卷中心记录查看存在部分异常，异常主要是响应时间超时。

(3) 120 个并发用户 (测试结果数据见表 7-31)。

表 7-31　120 个并发用户测试结果数据

事务名称	95% 的事务响应 时间 /ms	事务最大响应 时间 /ms	90% 的事务响应 时间 /ms	事务异常率
登录	1075	3377	427	0%
试卷中心记录查看	237	1268	179	0%
考试	1334	5256	1120	0%
考试记录	1073	1962	347	0%

从上面的测试结果数据可以看出，考试的事务最大响应时间有些偏长，大多数操作响应时间在 3 秒左右，在用户可以接受的范围之内。说明系统能够支持 120 个并发用户使用。

(4) 150 个并发用户 (测试结果数据见表 7-32)。

表 7-32　150 个并发用户测试结果数据

事务名称	95% 的事务响应时间 /ms	事务最大响应时间 /ms	90% 的事务响应时间 /ms	事务异常率
登录	737	5028	357	0%
试卷中心记录查看	315	3761	225	3%
考试	1823	6115	1523	0%
考试记录	494	2234	374	0%

从上面的测试结果数据可以看出，事务最大响应时间明显变长，大多数操作的响应时间在 3 秒以内，部分事务的最大响应时间超过 5 秒。同时试卷中心记录查看的事务异常率为 3%。这些异常同时也是造成事务最大响应时间变长的原因。总的来说，该系统可以支持小范围的学校使用。

(5) 180 个并发用户 (测试结果数据见表 7-33)。

表 7-33　180 个并发用户测试结果数据

事务名称	95% 的事务响应时间 /ms	事务最大响应时间 /ms	90% 的事务响应时间 /ms	事务异常率
登录	980	6705	483	0%
试卷中心记录查看	1263	4531	866	0%
考试	1922	6545	1580	0%
考试记录	600	2533	460	0%

从上面的测试结果数据可以看出，事务最大响应时间明显变长，登录的事务最大响应时间接近 7 秒，但大多数事务的响应时间仍在 3 秒内，是用户可以接受的范围。说明系统能够支持的最大的并发用户可达到 180 个。

八、其他测试

1. 用户界面测试

本次测试选择 3 名女生、3 名男生按照界面测试策略定义的测试条目，逐一进行测试。各个测试项目显示正常，并支持鼠标操作。但有以下内容需要改进：

(1) 首页轮播图形显示比例不够美观；

(2) 答题的剩余时间显示较小；

(3) 答题的剩余时间在快要结束时，应提前 10 分钟予以提醒；

(4) 系统未提供帮助功能。

2. 链接测试

链接是 Web 应用系统的一个主要特征，它是在页面之间切换和引导用户去一些未知地址页面的主要手段。

1) 链接测试原理

链接测试的原理是：从待测网站的根目录开始搜索所有的网页文件，对所有网页文件中的超级链接、图片文件、包含文件、CSS(层叠样式表) 文件、页面内部链接等所有链接进行读取。如果网站内文件不存在、指定文件链接不存在或者指定页面不存在，则将该链接和所处的具体位置记录下来。如果发现被测网站内的某个页面既没有链接到其他资源也没有被其他资源链接，则可以判定该页面为孤立页面，将该页面添加到孤立页面记录中。

链接测试的内容主要包括：

(1) 测试所有链接是否按指示的那样确实链接到了应该链接的页面；

(2) 测试所链接的页面是否存在；

(3) 保证 Web 应用系统上没有孤立的页面。

链接测试必须在集成测试阶段完成，也就是说，在整个 Web 应用系统的所有页面开发完成之后进行链接测试。

需要对整个网站的所有链接进行链接测试，而一般的网站内的链接错综复杂，犹如一张大蜘蛛网，稍有疏忽便有测试不完全的地方，因此引入链接自动化测试能够大幅提高链接测试的效率。

2) Xenu Link Sleuth 链接测试工具

在本例中，我们采用 Xenu Link Sleuth 1.3.8 进行链接测试。

Xenu Link Sleuth(Xenu 链接检测侦探) 是被广泛使用的死链接检测工具，可以检测到网页中各种类型的链接。它可以分别列出网站的活链接以及死链接，并可把检测结果存储成文本文件或网页文件。该工具总体上具有以下特色：

(1) 用户界面非常简洁，操作简单；

(2) 支持多线程；

(3) 检测彻底，能够检测到图片、框架、插件、背景、样式表、脚本和 Java 程序中的链接；

(4) 报告形式合理多样，死链接一目了然；

(5) 报告提供出现死链接的网页，方便扫除导出链接错误；

(6) 能够侦测重定向 URL(统一资源定位系统)；

(7) 可以选择是否侦测站外链接；

(8) 对于小型简单网站，该工具可以用来制作 HTML 格式的网站地图。

安装 Xenu Link Sleuth 后，打开 Xenu Link Sleuth，进入其主界面，输入网站地址 (http://192.168.3.101:8000/student/index.html) 进行测试。测试完毕后，可以通过 Report 得到测试报告。

3) 系统的链接测试

使用 Xenu Link Sleuth 对考试系统进行链接测试。测试过程中发现 1 个错误链接，错误提示如下：

data:image/png;base64,iVBORw0KGgoAAAANSUhEUgAAAwAAAAMCAIAAADZF8
uwAAAAGUlEQVQYV2M4gwH+YwCGIasIUwhT25BVBADtzYNYrHvv4gAAAABJRU5Erk
Jggg== Error：resource not found

链接测试界面如图 7-21。

图 7-21 链接测试界面

Xenu Link Sleuth 执行完测试后，会自动生成测试报告，测试报告中会列出各链接的 URL，并分析网站中的链接情况，给出测试结果。本次测试的结果如图 7-22 所示。

Statistics for managers

Correct internal URLs, by MIME type:

MIME type	count	% count	Σ size	Σ size (KB)	% size	min size	max size	Ø size	Ø size (KB)	Ø time
	1 URLs	3.03%	0 Bytes	(0 KB)	0.00%	0 Bytes	0 Bytes	0 Bytes	(0 KB)	
text/html	1 URLs	3.03%	3237 Bytes	(3 KB)	0.20%	3237 Bytes	3237 Bytes	3237 Bytes	(3 KB)	0.000
image/x-icon	1 URLs	3.03%	16958 Bytes	(16 KB)	1.06%	16958 Bytes	16958 Bytes	16958 Bytes	(16 KB)	
text/css	13 URLs	39.39%	267889 Bytes	(261 KB)	16.74%	114 Bytes	244236 Bytes	20606 Bytes	(20 KB)	
application/javascript	15 URLs	45.45%	1227922 Bytes	(1199 KB)	76.74%	1414 Bytes	1041448 Bytes	81861 Bytes	(79 KB)	
application/font-woff	1 URLs	3.03%	28200 Bytes	(27 KB)	1.76%	28200 Bytes	28200 Bytes	28200 Bytes	(27 KB)	
application/x-font-ttf	1 URLs	3.03%	55956 Bytes	(54 KB)	3.50%	55956 Bytes	55956 Bytes	55956 Bytes	(54 KB)	
Total	33 URLs	100.00%	1600162 Bytes	(1562 KB)	100.00%					

All pages, by result type:

ok	33 URLs	97.06%
not found	1 URLs	2.94%
Total	34 URLs	100.00%

图 7-22 链接测试结果

3. 兼容性测试

本系统的兼容性主要指客户端的兼容性，包括操作系统和浏览器的兼容性。

1) 操作系统兼容性测试

市场上有很多不同的操作系统，最常见的有 Windows、Unix、Linux 等。系统的最终用户究竟使用哪一种操作系统，取决于用户系统的配置。这样，就可能发生兼容性问题。因此，需要在各种操作系统下对 Web 系统进行兼容性测试。

本例中，对学生客户端分别测试了 Windows 10、Windows 11 操作系统与考试系统的兼容性，未发现异常。

2) 浏览器兼容性测试

浏览器是 Web 客户端重要的构件，本例中，安装了 Edge(version:113.0.1774.42)、Firefox (version:114.0.2)、Google Chrome(version:111.0.5563.147)，检测各浏览器与考试系统的兼容性。通过测试，未见异常。

4. 分辨率测试

分辨率测试主要检测页面版式在 1920 dpi × 1280 dpi、1920 dpi × 1200 dpi、1680 dpi × 1050 dpi、1280 dpi × 800 dpi、2560 dpi × 1440 dpi 的分辨率模式下是否显示正常？字体是否太小以至于无法浏览？或者是太大？文本和图片是否对齐？

通过检查，本考试系统分别在 1920 dpi × 1280dpi、1920dpi × 1200 dpi、1680 dpi × 1050 dpi、1280 dpi × 800 dpi 分辨率下显示正常。

本 章 小 结

系统测试是指将已经集成好的软件系统，作为整个计算机系统的一个元素，与支持软件、计算机硬件、外设、数据等其他系统元素结合在一起，在实际使用环境下，对计算机系统进行的一系列测试活动。

随着 Web 系统的流行和广泛应用，由于 Web 系统的自身特点，其测试重点、内容也有些不同。最基本的测试涉及功能测试和性能测试两个方面，其中，功能测试是最基本的内容，还需根据项目的特点兼顾其他的测试内容，如用户界面测试、兼容性测试、安全性测试、可用性测试、健壮性测试等。

练 习 题 7

1. 下面关于系统测试的描述正确的是 _____。

(A) 系统测试主要由质量部门的测试工程师来主导

(B) 一般使用黑盒测试技术

(C) 一般由独立的测试人员完成

(D) 系统测试依据开发人员提供的《需求规格说明书》

2. 下面描述中影响性能测试的因素是 _____。

(A) 使用用户数   (B) 功能的复杂度

(C) 数据量   (D) 软件环境

(E) 硬件环境   (F) 网络环境

3. 兼容性测试关注的内容是 _____。

(A) 软件之间的兼容   (B) 操作系统的兼容

(C) 数据库的兼容   (D) 浏览器的兼容

4. 简述系统测试的主要内容。

5. 针对某论坛 (如 www.csdn.net)，考虑其需要测试的内容。

6. Web 系统测试包括哪些内容？

7. 对 Web 系统进行性能测试时需要注意哪些问题？

8. 在 Web 系统性能测试中，哪些因素会影响事务的响应时间？

实验 6　　Web 自动化功能测试实验

1. 实验目的

(1) 能够应用自动化工具完成简单应用的功能测试；

(2) 能够编写、调试、运行自动化脚本；

(3) 能够对测试结果进行分析。

2. 实验内容

测试被测试系统截图见图 7-23，该系统提供进制转换、字数统计、阶乘计算、排列组合计算、方差计算 5 个备选题目。对所选题目按照边界值分析、等价类划分方法设计测试用例，并实现自动化测试脚本。最后执行测试用例，记录 Bug。

提示：对于所有功能，均需要先进行冒烟测试。如果功能没有实现，则直接上报 Bug，无需进行自动化测试脚本的开发。

3. 实验工具

(1) Java 编程环境：Eclipse；

(2) 脚本录制工具：Katalon/Selenium IDE；

(3) Web 黑盒测试工具：Selenium WebDriver；

(4) Firefox 驱动：Geckodriver(https://github.com/mozilla/geckodriver/releases)；

4. 实验步骤

(1) 根据题目要求设计测试用例；

(2) 采用 Katalon 录制脚本；

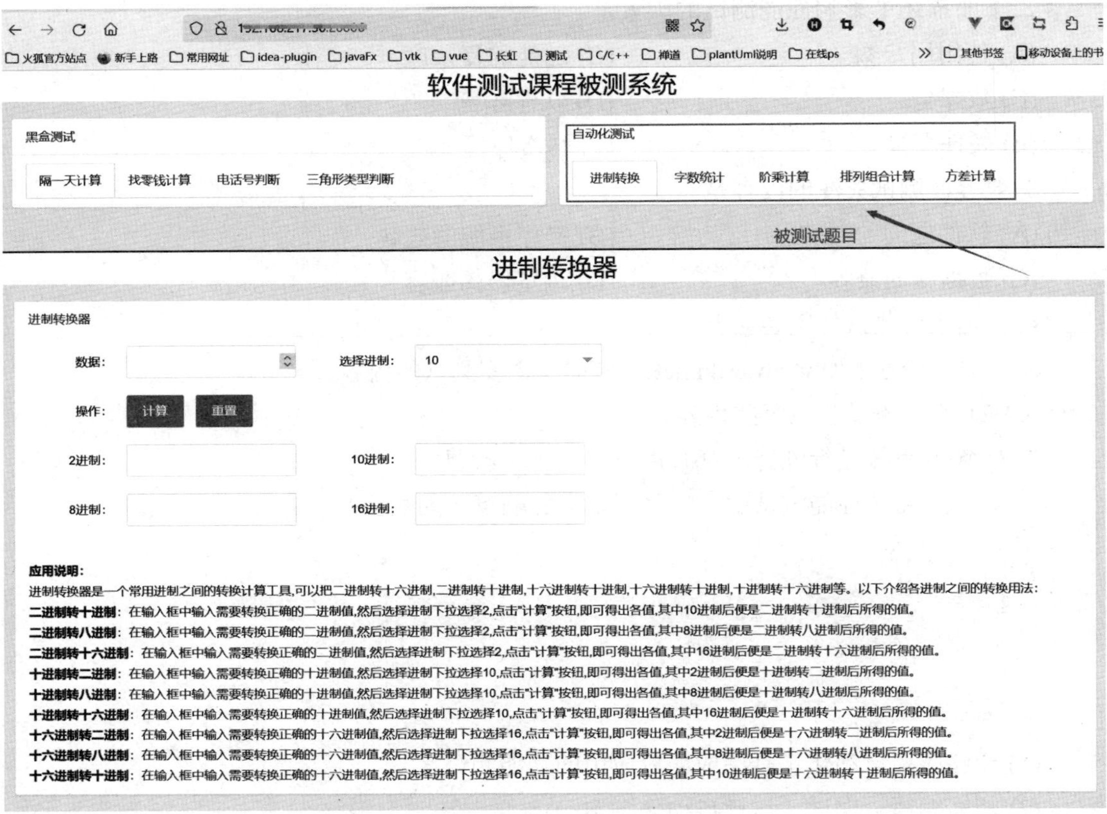

图 7-23   实验 6 被测试系统截图

(3) 在 Eclipse 中编写测试脚本，测试数据要求参数化实现；

(4) 在 Eclipse 中执行测试脚本。

5. 实验交付和总结

(1) 提交实验报告，应包含测试过程记录、测试用例脚本、测试执行记录、Bug 清单。

(2) 思考与总结：

Selenium WebDriver 是如何实现测试的自动化的？

实验 7   Web性能测试实验

1. 实验目的

(1) 能够描述性能自动化工具的基本原理；

(2) 能够选择使用合适的工具监控、采集被测系统性能数据；

(3) 能够根据不同的性能指标数据进行基本的性能分析。

2. 实验内容

针对下面的网站首页、搜索功能进行性能测试，测试网站在负载达到 3 TPS～10 TPS(每秒钟响应的事务数量) 时的响应时间。

说明：由于本次实验选择的是官方门户网站，这类网站不允许同 IP 高频访问，该操作会被认为是攻击行为，所以实验时负载设置较小。

题目一：www.chinaso.com/

题目二：www.sohu.com

题目三：www.qq.com

题目四：www.so.com/

3. 实验工具

(1) 脚本录制工具：Katalon/Selenium IDE；

(2) 性能测试工具：JMeter；

(3) 浏览器：Firefox。

4. 实验步骤

(1) 下载工具并安装；

(2) 录制测试脚本；

(3) 为线程组添加监听器→查看结果树；

(4) 执行测试脚本，查看结果树执行数据；

(5) 添加图形结果和聚合报告，查看测试数据；

(6) 准备 CSV 测试参数文件，并设置线程组的线程数量；

(7) 完成 JMeter 参数化设置；

(8) 完成 JMeter 检查点设置；

(9) 完成 JMeter 事务设置；

(10) 完成 JMeter 集合点设置。

5. 实验交付和总结

(1) 提交实验报告，应包含测试场景设计、性能测试脚本、测试执行过程记录。

(2) 思考与总结：

① 如何获取服务器资源性能数据？

② 在本实验题目中，用相同的查询关键值进行并发测试，是否能测试出准确的服务器性能表现，为什么？

实验 8　Web系统综合实验

1. 实验目的

(1) 能够按照测试流程组织实施开展系统测试工作，包括测试需求分析、测试计划、测试设计、测试实施与结果分析；

(2) 根据测试任务选择合适的测试工具和平台，搭建测试环境；

(3) 综合应用测试方法设计测试用例，并编写自动化测试脚本；

(4) 执行测试，记录结果，对系统测试结果进行合理评价。

2. 实验内容

完成对被测系统 Web Tours 的测试，测试内容包括：功能测试、性能测试、UI(用户界面)测试、兼容性测试。其要求如下：

(1) 功能测试：设计测试用例，其须覆盖系统的所有功能，设计复合业务流场景进行综合测试；需要采用手工测试及自动化测试，其中自动化测试用例设计不低于总测试用例的 50%。

(2) 性能测试：拟定本系统的受众群体为 2000 人，其中注册用户占 35%。根据此场景估算并发用户数；设计测试用例，覆盖系统的所有功能，并设计单一场景和组合业务场景；

(3) 其他测试：设计 UI 测试检测列表并完成 UI 测试；对常见浏览器及分辨率进行兼容性测试。

3. 实验工具

(1) Java 编程环境：Eclipse；

(2) Java 单元测试工具：JUnit；

(3) 脚本录制工具：Katalon/Selenium IDE；

(4) Web 黑盒测试工具：Selenium WebDriver；

(5) Firefox 驱动：Geckodriver(https://github.com/mozilla/geckodriver/releases)；

(6) 性能测试工具：JMeter；

(7) 性能监控工具：ServerAgent。

4. 实验步骤

实验为小组实验，按测试内容要求完成功能测试、性能测试、UI 界面测试、兼容性测试。

小组成员先制订测试计划、测试方案；然后分工完成测试用例的设计与执行，撰写测试报告；最后，小组制作答辩 PPT，完成答辩。

5. 实验交付和总结

(1) 以小组为单位提交测试方案及测试报告。

(2) 以小组为单位提交功能测试脚本；

(3) 以小组为单位提交性能测试脚本。

附录　软件测试术语

A	
Acceptance testing	验收测试
Ad hoc testing	随机测试
Algorithm analysis	算法分析
Alpha testing	α 测试
Anomaly	异常
Automated testing	自动化测试
Assertion checking	断言检查
Audit	审计
Application Under Test(AUT)	被测试的应用程序
B	
Baseline	基线
Benchmark	基准
Beta testing	β 测试
Big-bang testing	大棒测试 / 一次性集成测试
Black box testing	黑盒测试
Bottom-up testing	自底向上测试
Boundary values	边界值
Boundary valuesanalysis	边界值分析
Boundary valuestesting	边界值测试
Branch	分支
Branch condition	分支条件
Branch coverage	分支覆盖
Branch testing	分支测试
Brute force testing	强力测试
Bug	缺陷
Bug report	缺陷报告
Bug tracking system	缺陷跟踪系统
Build	工作版本 (内部小版本)
Build-in	内置
Buffer	缓冲

续表一

C	
Cause-effect graph	因果图
Capture/Replay Tool	录制 / 回放工具
Capability Maturity Model(CMM)	能力成熟度模型
Capability Maturity Model Integration(CMMI)	能力成熟度模型整合
Certification	证明
Change control	变更控制
Code coverage	代码覆盖
Code rule	编码规范
Code style	编码风格
Code inspection	代码检查
Code walkthrough	代码走读
Code-based testing	基于代码的测试
Compatibility Testing	兼容性测试
Complete path testing	完全路径测试
Component	组件
Component testing	组件测试
Condition	条件
Condition coverage	条件覆盖
Configuration management	配置管理
Configuration item	配置项
Configuration testing	配置测试
Conformance testing	一致性测试
Consistency	一致性
Control flow graph	控制流程图
Concurrency user	并发用户
Coverage	覆盖率
Coverage item	覆盖项
Crash	崩溃
Criticality analysis	关键性分析
Cyclomatic complexity	圈复杂度
D	
Data definition	数据定义
Data dictionary	数据字典
Data flow analysis	数据流分析

Data flow coverage	数据流覆盖
Data flow diagram	数据流图
Data flow testing	数据流测试
Data use	数据使用
Dead code	死代码
Debug	调试
Decision	判定
Decision condition	判定条件
Decision coverage	判定覆盖
Decision outcome	判定结果
Decision table	判定表
Defect	缺陷
Defect density	缺陷密度
Deployment	部署
Desk checking	桌面检查
Diagnostic	诊断
Documentation testing	文档测试
Domain	域
Domain testing	域测试
Dynamic analysis	动态分析
Dynamic testing	动态测试
E	
Entry criteria	准入条件
Entry point	入口点
Equivalence class	等价类
Equivalence partition testing	等价划分测试
Equivalence partitioning	等价划分
Error	错误
Error guessing	错误猜测
Exception	异常 / 例外
Exception handlers	异常处理器
Executable statement	可执行语句
Exhaustive testing	穷尽测试
Exit point	出口点
Expected outcome	预期结果
Event-driven	事件驱动

F	
Failure	失效
Fault	故障
Feasible testing	可达测试
Framework	框架
Functional decomposition	功能分解
Functional testing	功能测试
G	
Glass-box testing	玻璃盒测试 / 白盒测试
Gray-box testing	灰盒测试
I	
Incremental testing	渐增测试
Infeasible path	不可达路径
Input domain	输入域
Installing testing	安装测试
Integration testing	集成测试
Interface	接口
Interface testing	接口测试
Inspection	审查
Invalid input	无效输入
Isolation testing	孤立测试
Iteration	迭代
Iterative development	迭代开发
K	
Keyword driven testing	关键字驱动测试
L	
Load testing	负载测试
Localization testing	本地化测试
Logic analysis	逻辑分析
Logic coverage testing	逻辑覆盖测试
M	
Maintenance	维护
Maintainability	可维护性
Maintainability testing	可维护性测试

续表四

Measurement	度量
Memory leak	内存泄漏
Module testing	模块测试
Multiple condition coverage	多条件测试 / 组合条件测试
N	
Negative Testing	逆向测试，反向测试，负面测试
N/A(Not applicable)	不适用的
Non-functional requirements testing	非功能性需求测试
O	
Operational testing	可操作性测试
Orthogonal experimental design	正交试验设计
Output domain	输出域
P	
Path	路径
Path coverage	路径覆盖
Path testing	路径测试
Peer review	同行评审
Performance	性能
Performance indicator	性能 (绩效) 指标
Performance testing	性能测试
Portability	可移植性
Portability testing	可移植性测试
Positive testing	正向测试
Pseudo code	伪代码
Precondition	前置条件
Priority	优先权
Prototype	原型
Predicate	谓词
Predicate data use	谓词数据使用
Program instrument	程序插装
Pseudo-random	伪随机
Q	
Quality Assurance(QA)	质量保证
Quality Control(QC)	质量控制

续表五

R	
Recovery testing	恢复测试
Regression testing	回归测试
Release	发布
Release note	版本说明
Reliability	可靠性
Reliability assessment	可靠性评价
Reliability testing	可靠性测试
Requirement-based testing	基于需求的测试
Return of Investment(ROI)	投资回报率
Review	评审
Requirements management tool	需求管理工具
Risk	风险
Risk assessment	风险评估
S	
Safety	安全性
Severity	严重性
Security testing	安全性测试
Simulation	模拟
Simulator	模拟器
Smoke testing	冒烟测试
Software development process	软件开发过程
Software engineering	软件工程
Software life cycle	软件生命周期
Source code	源代码
Specification	规格说明书
Spiral model	螺旋模型
State	状态
State diagram	状态图
State transition	状态转换
Statement	语句
Statement coverage	语句覆盖
Statement testing	语句测试
Static analysis	静态分析

Static analyzer	静态分析器
Static testing	静态测试
Statistical testing	统计测试
Stress Testing	压力测试
Structured testing	结构化测试
Structured programming	结构化编程
Stub	桩
Synchronization	同步
Syntax testing	语法分析
System analysis	系统分析
System design	系统设计
System integration	系统集成
System testing	系统测试
T	
Test	测试
Testing bed	测试平台
Test case	测试用例
Testing coverage	测试覆盖
Test design	测试设计
Test driver	测试驱动
Test driven development	测试驱动开发
Testing environment	测试环境
Test execution	测试执行
Test generator	测试生成器
Test item	测试项
Test log	测试日志
Test measurement technique	测试度量技术
Test plan	测试计划
Test procedure	测试规程
Test records	测试记录
Test report	测试报告
Test scenario	测试场景
Test script	测试脚本
Test specification	测试规格

Test strategy	测试策略
Test suite	测试套件
Test target	测试目标
Testability	可测试性
Testing	测试
Thread testing	线程测试
Top-down testing	自顶向下测试
Traceability	可跟踪性
Traceability analysis	跟踪分析
Traceability matrix	跟踪矩阵
Trade-off	平衡
Transaction	事务 / 处理
Transform analysis	事务分析
Truth table	真值表
U	
Unit testing	单元测试
User interface(UI)	用户界面
Usability testing	可用性测试
Usage scenario	使用场景
User acceptance Test	用户验收测试
User profile	用户信息
User scenario	用户场景
V	
Validation	确认
Verification	验证
Version	版本
Virtual user	虚拟用户
Volume testing	容量测试
Verification & Validation(V&V)	验证 & 确认
W	
Walkthrough	走读
Waterfall model	瀑布模型
White box testing	白盒测试
Web testing	网站测试

参 考 文 献

[1] 朱少民. 全程软件测试 [M]. 3 版. 北京：电子工业出版社，2019.

[2] 朱少民. 软件测试：基于问题驱动模式 [M]. 北京：高等教育出版社，2017.

[3] 朱少民. 软件测试方法和技术 [M]. 4 版. 北京：清华大学出版社，2022.

[4] 朱少民，张玲玲，潘娅. 软件质量保证和管理 [M]. 2 版. 北京：清华大学出版社，2020.

[5] 中华人民共和国国家质量监督检验检疫总局，中国国家标准化管理委员会. GB/T 25000.51—2010 软件工程 软件产品质量要求与评价 (SQuaRE) 商业现货 (COTS) 软件产品的质量要求和测试细则 [S]，2011.

[6] Systems and Software Engineering. ISO-IEC25000: 2014(E) Systems and Software Quality Requirements and Evaluations(SQuaRE): Guide to SQuaRE[S]. 2nd ed. Switzerland: ISO Copyright Office, 2014.

[7] Bugzilla. The software solution designed to drive software development. [EB/OL]. [s.n.]. https://www.bugzilla.org/.

[8] AMMANN P, OFFUTT J. Introduction to Software Testing[M]. 2nd ed. Cambridge: Cambridge University Press, 2008.

[9] BECK K, GRENNING J, MARTIN R C, 等. Manifesto for Agile Software Development [EB/OL]. [2001-01-01]. https://agilemanifesto.org/iso/zhchs/manifesto.html.

[10] CRISPIN L，GREGORY J. 敏捷软件测试：测试人员与敏捷团队的实践指南 [M]. 孙伟峰，崔康，译. 北京：清华大学出版社，2010

[11] 段念. 软件性能测试过程详解与案例剖析 [M]. 2 版. 北京：清华大学出版社，2012.

[12] 宫云战. 软件测试教程 [M]. 3 版. 北京：机械工业出版社，2021.

[13] 国际软件测试资质认证委员会中国分会，杭州笨马网络技术有限公司. 企业性能测试：体系构建、落地指导与案例解读 [M]. 北京：机械工业出版社，2023.

[14] 阿里巴巴技术质量小组. 阿里测试之道 [M]. 北京：电子工业出版社，2022.

[15] KIM G，BEHR K，SPAFFORD G. 凤凰项目：一个 IT 运维的传奇故事 [M]. 成小留，译. 北京：人民邮电出版社，2019.

[16] 朱少民，李洁. 敏捷测试：以持续测试促进持续交付 [M]. 北京：人民邮电出版社，2021.

[17] 张松. 精益软件度量：实践者的观察与思考 [M]. 北京：人民邮电出版社，2013

[18] 蔡超. 从 0 到 1 搭建自动化测试框架原理、实现与工程实践 [M]. 北京：机械工业出版社，2022.

[19] 杜子龙．接口自动化测试持续集成 [M]．北京：人民邮电出版社，2019.

[20] 蔡建平，倪建成，高仲合．软件测试实践教程 [M]．北京：清华大学出版社，2014.

[21] 陈志勇，刘潇，钱琪．全栈性能测试修炼宝典 JMeter 实战 [M]．2 版．北京：人民邮电出版社，2016.

[22] 吴晓华，王晨昕．Selenium WebDriver 3.0 自动化测试框架实战教程 [M]．北京：清华大学出版社，2022.